电子技术智能辅助实验指导书

钱敏　陆元成　高阳　著

清華大学出版社
北京

图书在版编目(CIP)数据

电子技术智能辅助实验指导书/钱敏，陆元成，高阳著．—北京：清华大学出版社，2024.2
ISBN 978-7-302-65659-3

Ⅰ．①电…　Ⅱ．①钱…　②陆…　③高…　Ⅲ．①电子技术－实验－高等学校－教学参考资料　Ⅳ．①TN-33

中国国家版本馆CIP数据核字(2024)第044887号

责任编辑：刘　杨
封面设计：钟　达
责任校对：赵丽敏
责任印制：丛怀宇

出版发行：清华大学出版社
网　　址：https://www.tup.com.cn，https://www.wqxuetang.com
地　　址：北京清华大学学研大厦A座　　邮　　编：100084
社 总 机：010-83470000　　邮　　购：010-62786544
投稿与读者服务：010-62776969，c-service@tup.tsinghua.edu.cn
质量反馈：010-62772015，zhiliang@tup.tsinghua.edu.cn
印 装 者：三河市科茂嘉荣印务有限公司
经　　销：全国新华书店
开　　本：170mm×240mm　　印　张：7　　字　　数：139千字
版　　次：2024年3月第1版　　印　　次：2024年3月第1次印刷
定　　价：25.00元

产品编号：104106-01

前言

目前国内外电子技术实验课程基本基于传统教学，具体有以下两种方式：第一种是在万能电路板上焊接电路。这种方式元器件多，学生易出错。由于学生初学，器件性能诊断和线路排布经验不足，线路焊接往往多种多样，教师在纠错时花费大量时间，教学效率较低。第二种是在插件板上插接封装好的元器件。由于封装的器件只暴露引脚并在封装壳体上标注，所以不能有效进行元件认知诊断。又由于封装的单个元器件体积比较大，插件板面积有限，限制了电路规模，导致教学内容往往简单，学生通常只按照电路图进行插件，限制了对电路布局的锻炼，学生受益较浅，课程教学质量欠佳。传统的电子技术实验教学课堂需要配备信号发生器和示波器，实验教学涉及的设备较多，成本较高，在教学过程中，由于电路复杂，学生在调试过程中遇到的问题较多，教师很难做到客观评价，因而教学质量难以得到保证。

针对电子技术实验现有教学方式存在的问题，本书提出应用先进创新的教学工具来解决上述问题，利用自主研发的智能电子技术实验平台搭建的智能电子技术实验室，减少了设备投入，实现了智能操作、自主学习、虚实结合、内容高阶、客观评价、数字教学的需求。

本书在编写方面突出了以下特点：

1）智能操作、自主学习

基于智能电子技术实验教学平台，学生在软件引导下，根据电路图选择元器件，在硬件电路板上排布焊接，通过软件调试，检测元器件引脚的电压波形和数值，与参考电压值进行比对，如检测到电路节点处的电压错误，则提示具体问题，学生根据提示检查电路，重新调试检测。在操作培训和元器件认知课堂教学后，确保学生对平台的使用和对元器件好坏的辨别。在课堂上，教师现场指导。每周课外工作时间实验室也开放，学生可以自行到实验室进行焊接操作，遇到问题及时在课程教学群中线上向教师反馈，教师会及时解决，使课堂和远程互动相结合。该实验室的建设突破了智能电子技术实验教学的关键技术，实现了智能操作、自主学习。自主研发的创新型智能电子技术实验平台全部国产化，技术含量高，将科技发展前沿成果引入课程，体现了时代性与前沿性。

2）虚实结合、内容高阶

本书涵盖电子技术实验的模拟电子线路实验和数字电子线路实验内容。学生在学习了电子技术理论课程的基础上进一步学习电子技术实验课程。实验课程的教学内容与理论课程的教学内容协调一致，有利于学生从实践中加深对模拟电子线路和数字电子线路知识点的理解和掌握。在教学中，预习采用仿真软件，操作采用智能电子技术实验平台，实现了虚实结合。电子技术实验课程的内容设置紧密结合理论课程内容，学生在实验课程中，先通过仿真软件预习一遍，既回顾了电路原理，又仿真了实验结果。在此基础上，进行焊接实验，在实践中更深入地掌握这个电路，培养了动手能力。一个知识点通过理论学习、仿真预习、焊接实验三方面教学，得到了层层递进的教学效果。每个实验内容和电子技术理论课程章节的内容相呼应，实验内容由浅入深、循序渐进，内容阶梯化。本书精选的实验包括常规实验和设计实验，体现了广度、深度、挑战度。

3）客观评价、数字教学

课前学生使用 Multisim 仿真软件把实验的电路图和报告内容仿真一遍，把节点的仿真电压和仿真波形贴入预习报告，并在焊接实验前上传，服务器将记录预习报告的上传时间，如果未上传预习报告就开始焊接实验，则会自动扣分。在焊接实验中，学生根据软件对关键节点电压的智能检测校验和错误提示进一步检查电路，服务器记录操作者的实验完成个数、完成步骤、完成时间、错误次数，并转换成操作分数，在操作过程中摄像头捕捉操作者的面部图像以确认身份，对学生实验过程的评价客观公正。在焊接实验完成后通过截图下载端登录下载实验的截图，并在实验完成的一周内上传实验报告，服务器将记录操作者实验报告上传的时间，超过一周上传会自动扣分。学期结束时，教师从实验报告下载端下载学生的总报告，包括预习和实验部分，得到实验报告分数。最后，通过成绩生成软件设置预习分数、操作分数、报告分数的比例，得到课程总分，实现了客观评价和数字教学。

本书系统阐述了基于智能电子技术实验室的教学实践改革。基于自主研发的创新型智能电子技术实验平台，本课程旨在实现自我学习操作的创新教学方式，打破课程“千校一面”的局面，以新技术引领一流本科课程建设，让课程“优”起来。全部自创设计的实验平台，让教师“强”起来。自我学习、操作、分析、设计的教学方式，让学生“忙”起来。实验平台客观严谨的数据检测记录功能，让课程管理“严”起来。学生通过课堂自我学习，操作讨论，师生互动，让课堂“活”起来，效果“实”起来。该课程可以促进知识、能力、素质的有机融合，培养学生解决复杂问题的综合能力和思维，以实现理工科创新和专业人才培养的目标。

进一步地，智能电子技术实验平台可以作为一个集成的电子技术实验室，操作者既可以根据需求进行开放式实验和单片机实验，也可以通过软件模块设计，增减或更新实验内容。综上，智能电子技术实验平台这一原创的先进教学工具，突破了传统电子技术实验教学的瓶颈，对教育教学方法的提高与创新具有积极意义。

作　者

2022 年 12 月于上海

教学建议

本书从每个实验内容的电路理论、课前仿真预习、课中焊接实验三个方面开展。在具体教学实践中，课前预习时，首先理解电路的基本原理和分析方法，然后通过 Multisim 仿真软件做一遍实验，将关键节点的电压波形及数据仿真结果贴入模板从而得到预习报告。课中实验时，讲解电路原理，按照电路图选择元器件，在智能电子技术实验平台上排布焊接完成实验操作，获得关键节点的电压波形及数据测量实验结果贴入模板，得到实验报告。一个知识点通过理论学习、仿真预习、焊接实验三个方面教学，得到了层层递进的教学效果。本书在预习部分和实验部分设有习题，预习部分通过电路图和仿真数据分析原理，实验部分通过焊接实验测量数据分析电路原理。

本书建议的教学流程如图 1 所示：

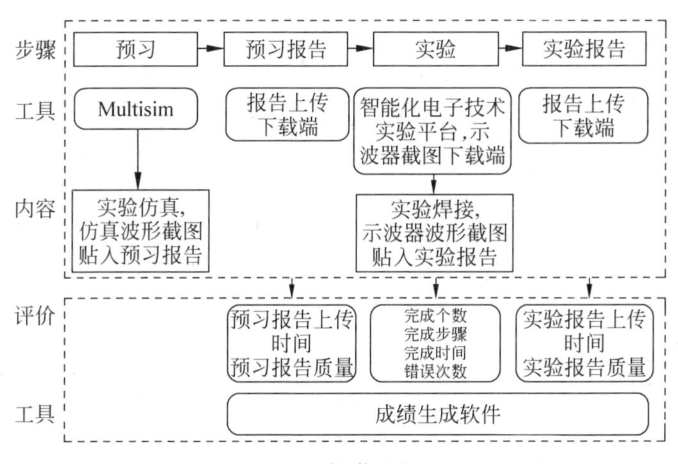

图 1　教学流程

本书建议的教学安排如表 1 所示：

电子技术实验教学时间为 1 学期，每周 1 次，每次 4 学时，完成 1 个实验的焊接操作。在课堂时间，教师现场指导。每周课外工作时间实验室开放，学生可以自行到实验室进行焊接操作，遇到问题及时在课程教学群中线上向教师反馈。第 1 个 4 学时课堂内容为平台培训、元器件认知、实验安排介绍。从第 2 个 4 学时开始，每次课堂内容均为1个焊接实验。在进行焊接实验前，需要对实验进行课前预习。表1中列出的教学安排对应第1～11章，可按教学需要进一步开展第12、13章。

表1　教学安排

章　　节	内　　容	学时	备　　注
第1章　智能电子技术实验室	实验室安全培训； 课程安排介绍； 实验台操作培训，实验报告要求； 元器件认知； 预习仿真软件Multisim培训，预习报告要求	4	培训知识线上测试
第2章　线性电路原理	步骤1：线性电路的叠加原理； 步骤2：有源线性电路的等效原理	4	焊接前上传预习报告，课中焊接实验，焊接实验完成1周内上传实验报告
第3章　信号放大电路	步骤1：单偏置三极管共发射极放大电路； 步骤2：分压偏置三极管共发射极放大电路	4	焊接前上传预习报告，课中焊接实验，焊接实验完成1周内上传实验报告
第4章　功率放大电路	步骤1：由三极管组成的模拟功率放大电路； 步骤2：正负电源供电的模拟功率放大电路	4	焊接前上传预习报告，课中焊接实验，焊接实验完成1周内上传实验报告
第5章　正弦波发生器电路	RC正弦波振荡电路	4	焊接前上传预习报告，课中焊接实验，焊接实验完成1周内上传实验报告
第6章　三角波发生器电路	三角波发生器电路	4	焊接前上传预习报告，课中焊接实验，焊接实验完成1周内上传实验报告
第7章　精密整流电路	步骤1：经典精密整流电路； 步骤2：高输入阻抗型精密整流电路	4	焊接前上传预习报告，课中焊接实验，焊接实验完成1周内上传实验报告
第8章　模拟稳压电源电路	步骤1：模拟变压器输出电路； 步骤2：整流滤波电路； 步骤3：线性稳压电路	4	焊接前上传预习报告，课中焊接实验，焊接实验完成1周内上传实验报告
第9章　555定时器电路	步骤1：单稳态定时器电路； 步骤2：双稳态多谐振荡器电路； 步骤3：升压和负电压产生电路	4	焊接前上传预习报告，课中焊接实验，焊接实验完成1周内上传实验报告

续表

章　节	内　容	学时	备　注
第 10 章　设计实验 A	基于 358 运算电路设计	4	焊接前上传预习报告，课中焊接实验，焊接实验完成 1 周内上传实验报告
第 11 章　设计实验 B	基于三极管放大电路的 RC 正弦波发生电路设计	4	焊接前上传预习报告，课中焊接实验，焊接实验完成 1 周内上传实验报告
总学时		44	可根据具体情况增减实验内容，也可以增加期末考试

目录

第1章

智能电子技术实验室

1.1 智能电子技术实验室介绍

智能电子技术实验室的介绍和操作

信息化教学是现代教育技术的重要发展方向,在实现信息化教学的同时要求保证教学质量和提高教学效率。传统的电子技术实验教学方法基于面包板插件连线或固定元件接线柱连线,需要配备信号发生器和示波器,实验教学涉及的设备较多,在教学过程中,由于电路复杂,学生在调试过程中遇到的问题较多,教师很难做到客观评价,教学质量难以得到保证。因此,在电子技术实验课程的信息化教学建设中,需要应用先进的信息技术和教学工具来解决上述问题。本书正是为了实现电子技术实验课程的信息化教学,匹配由自主研发的智能电子技术实验平台构成的电子技术实验室而编写的。实验室自2016年正式启用,实验平台用显示器组合显示实验中所用的仪器设备,如示波器、信号发生器、双路正负电源等,操作简捷,保证了教学质量,实现了客观评价和信息化教学。此电子技术实验室目前拥有36套智能电子技术实验平台(可按需配置),1台实验报告上传和截图下载端(简称上传下载端),1台服务器,如图1-1所示。

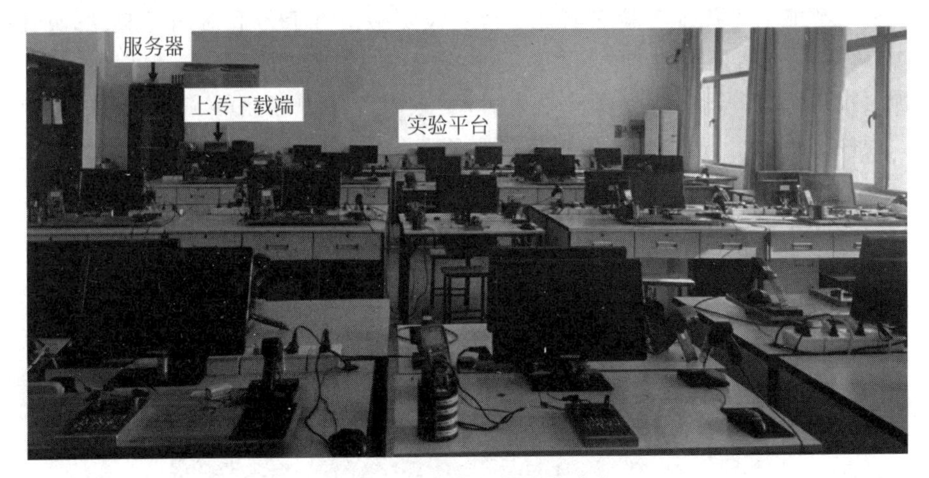

图1-1 智能电子技术实验室

1.1.1 服务器

整个智能电子技术实验室通过一个局域网联络，配有 1 台服务器，如图 1-2 所示。电子技术实验平台、实验报告上传和截图下载端都受控于服务器，通过无线网络相互通信。服务器记录实验平台操作者的姓名、学号，上机状态，人脸捕捉，登录和退出时间，实验完成个数、步骤、错误次数、用时，预习报告和实验报告上传时间。服务器存储来自实验平台的截图（实验过程中需要保存的实验结果）及来自实验报告上传下载端的预习报告和实验报告。

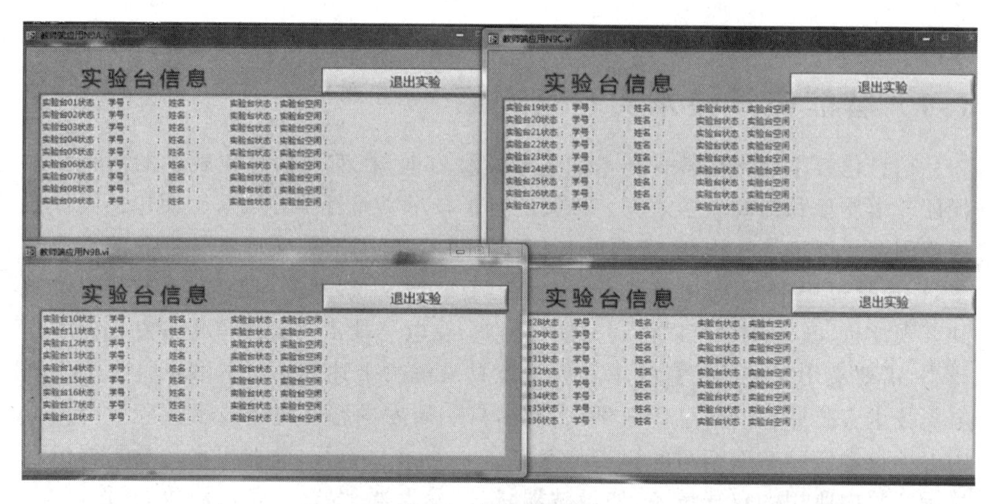

图 1-2 服务器界面

1.1.2 实验报告上传和截图下载端

整个智能电子技术实验室配有 1 台受控实验报告上传和截图下载端，具体操作时，可双击"学生端上传下载程序"图标进入，如图 1-3 所示。在焊接实验前，上传预习报告至服务器。焊接实验结束后，下载服务器中存储的实验平台的屏幕截图。焊接实验结束后，上传实验报告至服务器。还可以通过重入按钮，重置状态为

图 1-3 "学生端上传下载程序"界面

已完成的焊接实验，重置精确到具体实验步骤，重置后的实验步骤状态为未完成，可以重新做这个焊接实验。

1.1.3　智能电子技术实验平台

整个智能电子技术实验室可按需配置若干受控电子技术实验平台，如图 1-4 所示。电子技术实验平台是核心，主要包括平台软件、平台硬件部分，以及元器件、摄像头、万用表、电烙铁、焊锡、松香、导线等配套部分。电子技术实验平台提供屏幕显示控制的±9V 双路电源及信号发生器和示波器功能，减少了教学设备的投入。学生可根据软件显示的电路图，选择元器件，在硬件电路板上自行排布焊接，通过软件输入电路关键节点对应在电路板上的焊点坐标开启电路检查，如果关键节点的电压数值不正确将提示是超过上限还是下限，引导操作者进行电路排查，实现了智能操作。在操作过程中摄像头捕捉操作者面部图像以供身份确认。

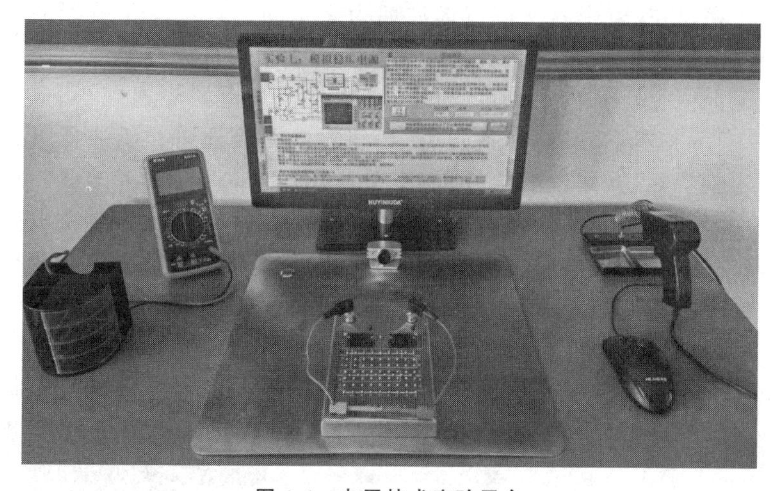

图 1-4　电子技术实验平台

1.2　智能电子技术实验平台的安装和介绍

1.2.1　智能电子技术实验平台的安装

（1）平台软件：双击“学生程序客户端”打开平台软件。平台软件与服务器通过局域无线网相互通信，无线连接标志显示在显示器右下角。

（2）平台硬件：桌面带有示波器探头、信号发生器输出端，电路板上直接提供可调节的双路±9V 电源，电路板背置焊点电参数扫描电路，开启电路检查后扫描电路将读取每个被使用焊点的所有电参数，实验平台控制器与服务器实时通信，依据所得的电参数分析和记录实验结果。

（3）摄像头：通过 USB 接口与计算机主机连接。实验过程中摄像头拍摄操作者以供身份确认。

(4) 万用表：通过连接AC220V电源独立工作。

(5) 电烙铁：通过连接AC220V电源独立工作。

1.2.2 智能电子技术实验平台介绍

1. 平台软件介绍

具体实验内容的软件界面如图1-5所示。左上角的“交流信号发生器”设置区域，可以设置波形为正弦波、三角波、方波，有效值范围为[−1.0,1.0]V，频率范围为0～1000Hz，通过硬件电路板上的信号发生器探针输出。在左上角的“实验电路电源”设置区域，可以分别设置$+V_{CC}$范围为[0,9]V和$-V_{CC}$范围为[−9,0]V，直流电压直接加载到硬件电路板上的$+V_{CC}$和$-V_{CC}$焊点。左边中间为具体实验步骤的电路图。右上角是示波器，示波器的左边条带可以调整波形的显示频率，使视野中的交流波形周期为2个周期以上。示波器的右边为根据视野中的电压波形采样计算出来的电压参数，包括交流有效值、直流分量、频率、周期、最大值、最小值、失真度THD、占空比。当电路焊接完毕、电源电压设置好时，单击示波器下方的“设备开启”按钮对电路板通电。示波器下方显示目前所处的实验步骤、操作者的学号、本实验已用时间，为操作者的截图提供身份证明。软件界面的中间部分是实验步骤的具体要求，包括实验步骤电路图原理说明、元器件认知方法、实验步骤的具体操作内容。软件界面左下角为硬件电路板焊点坐标的输入区域。硬件电路板上每个焊点都有确定的坐标，操作者在焊接电路时，可以自行排布。操作者在焊接完电路后按照实验步骤的具体要求初步调试电路至正常工作状态，然后将电路图中的重要节点在硬件电路板对应的

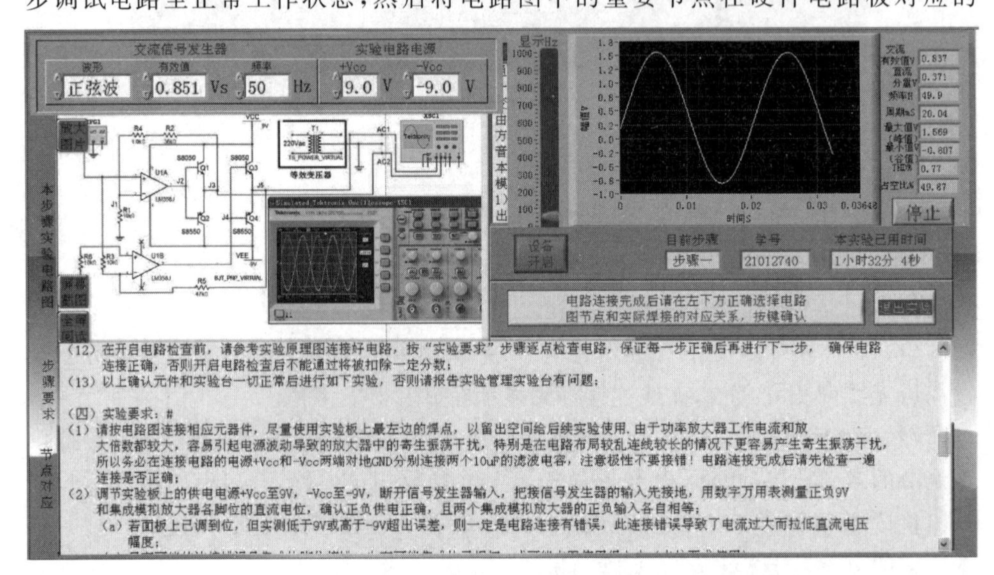

图1-5 实验平台软件界面

焊点坐标依次输入，单击“选择确认”按钮，电路图节点和电路板焊接坐标的对应关系显示于左下角，如果正确，则单击“确认完成”，开启电路检查；如果输入错误，则单击“重新对应”。在电路检查过程中，实验平台软件将读取坐标处焊点的电参数，并与标准电参数进行比对，如果电路节点对应的焊点电参数均正确，将显示电路检查通过；如果不正确，将提示具体焊点的电参数是超过上限值还是超过下限值，操作者可根据电路检查的反馈信息，进一步调试电路。当电路检查通过后，软件界面的右下角会显示“电路检查已通过，请按照实验要求调试电路……”并用软键盘输入电路图节点电压的直流平均值、交流有效值、频率。在软件界面左边单击“放大图片”，可以将电路图放大至全屏幕，单击“屏幕截图”，可以对屏幕截图并传送给服务器保存；单击“全屏阅读”，可以全屏阅读实验步骤要求。每张屏幕截图中示波器的下方均有操作者的学号，且截图均保留在服务器中，为操作者提供身份证明。

2. 平台硬件介绍

电子技术实验平台硬件电路板如图 1-6 所示，左上方为信号发生器输出端及输出探针，右上方为示波器输入端及输入探针。直流电压源 $+V_{CC}$ 的电压范围为[0,+9]V，地 GND，直流电压源 $-V_{CC}$ 的电压范围为[−9,0]V，电源端和 GND 对应的三行，每行的 9 个焊点相互短路，以方便焊接。独立焊点有 A、B、C、D、E 5 行，每行 9 个，共 45 个。其中，A、B 两行方框内所包含的 14 个焊点分别对应右上方元器件插槽的 14 个脚位，C、D 两行方框内所包含的 14 个焊点分别对应左上方元器件插槽的 14 个脚位。实验平台硬件通过软件控制供电，包括信号发生器、示波器、直流电压源 $+V_{CC}$ 和 $-V_{CC}$、地 GND。信号发生器和示波器由平台软件生成，硬件电路板上有信号发生器的输出探针和示波器的输入探针。

图 1-6　电子技术实验平台的硬件部分

1.3 智能电子技术实验平台的操作

(1) 双击“学生端应用程序”图标，进入平台软件首页，如图 1-7 所示。实验操作时，先选择“实验板清空”，确认实验板上没有元器件和连线，再选择“实验登录”，进入登录界面。

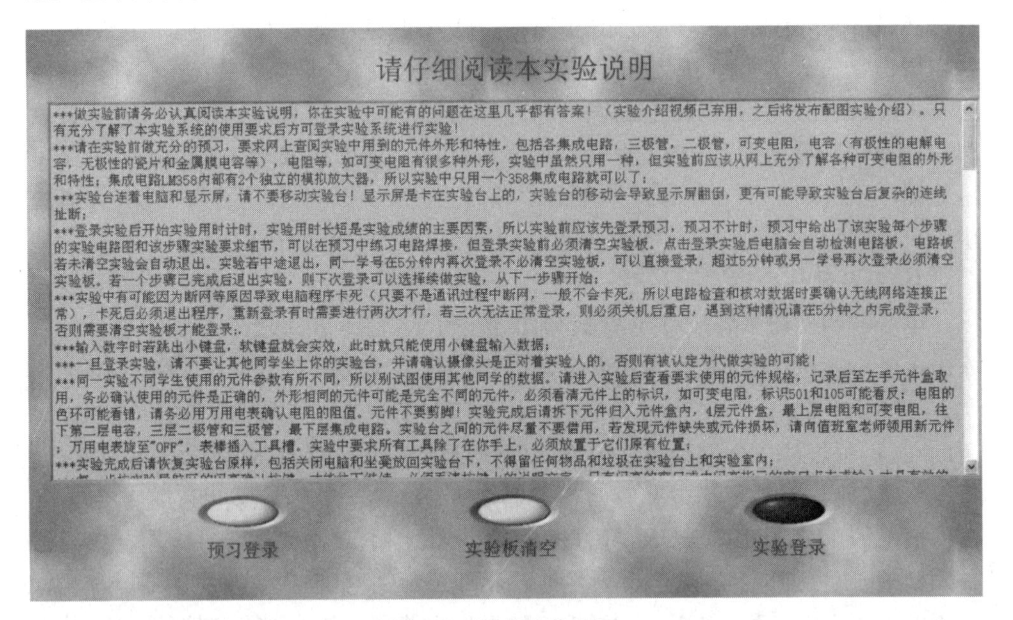

图 1-7 平台软件首页

(2) 登录界面如图 1-8 所示，使用软键盘输入学号、密码，密码为 8 位纯数字，第 8 位密码输入后会自动跳转至“学号姓名确认”对话框，如图 1-9 所示。如需修改密码，则输入 8 个“0”作为密码，跳转至密码修改界面，按界面提示修改即可。

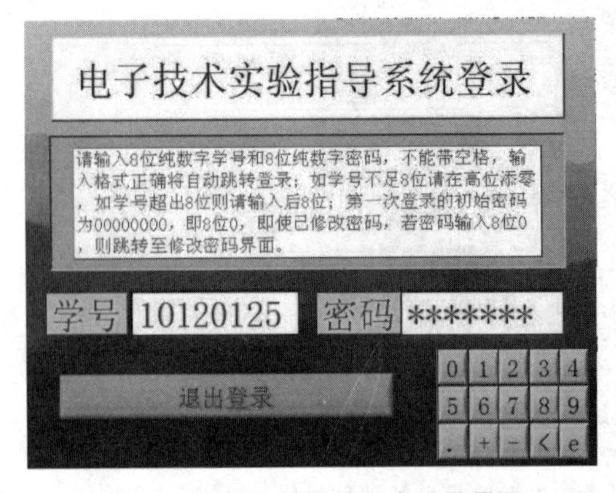

图 1-8 电子技术实验平台登录界面

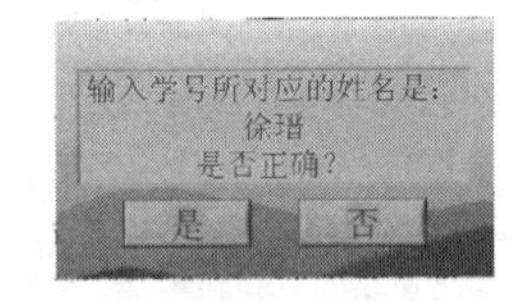

图 1-9 学号姓名确认界面

（3）学号和密码输入正确，进入平台自查实验板元件清空界面，如图 1-10 所示。实验板元件清空检查大约需要 1min，若未清空实验板，程序会提示，且会退出程序。在实验过程中，如需重启，15min 内不需要清空实验板上已连接的元器件，重新进行步骤(1)、步骤(2)登录即可。

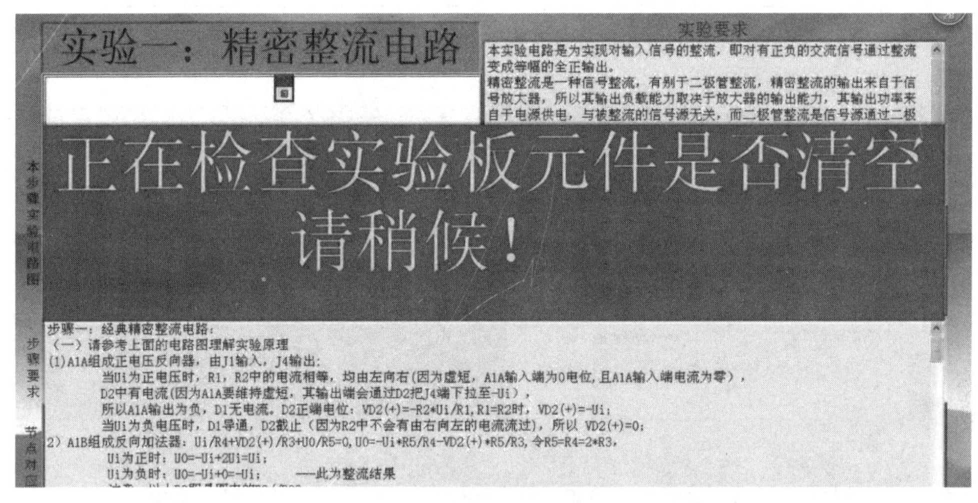

图 1-10　平台自查硬件实验板元件清空界面

（4）平台自查实验板元件清空通过，进入实验选择界面，如图 1-11 所示。

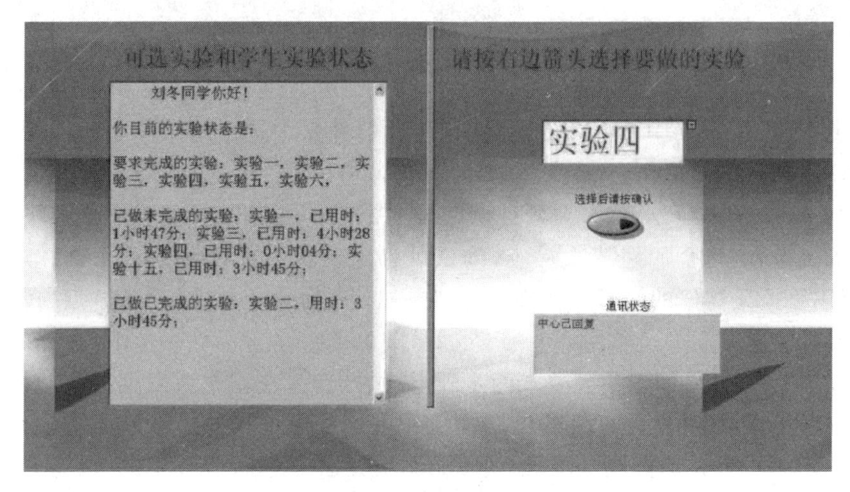

图 1-11　实验选择界面

（5）选择实验后，单击“从头开始”或者“续做实验”，如图 1-12 所示，则进入具体的实验界面。

智能电子技术实验平台正弦波发生器实验操作实例

（6）实验软件操作界面如图 1-13 所示，下面结合正弦波发生器实验来说明智能电子技术实验平台的操作步骤。

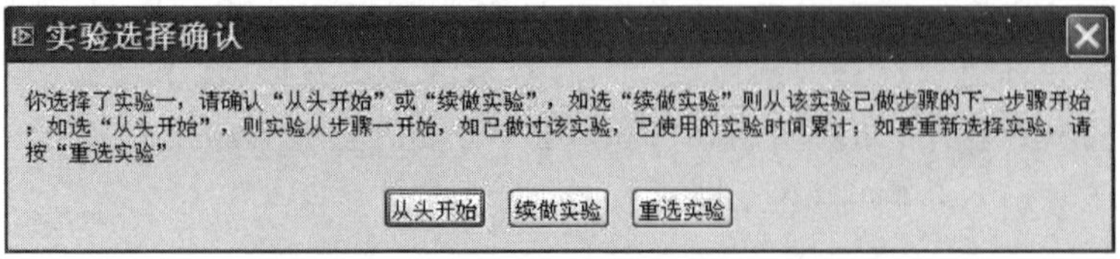

实验选择确认

你选择了实验一，请确认“从头开始”或“续做实验”，如选“续做实验”则从该实验已做步骤的下一步骤开始；如选“从头开始”，则实验从步骤一开始，如已做过该实验，已使用的实验时间累计；如要重新选择实验，请按“重选实验”

从头开始　续做实验　重选实验

图 1-12 “从头开始”或者“续做实验”界面

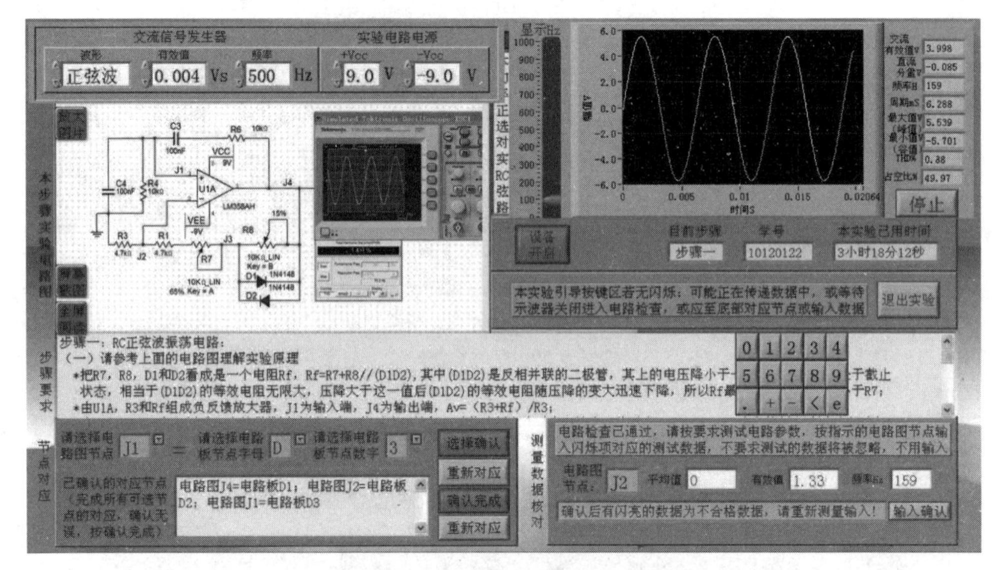

图 1-13 实验软件操作界面

① 按照图 1-13 中左上方的电路图，从元器件盒中选出电路图中所需元器件，并确认元器件正常工作。

② 如图 1-14 所示，在平台硬件电路板上排布、焊接元器件。按照电路图，逐个节点依次检查，逐个回路依次检查，确认硬件电路板上的电路连接正确。焊接完毕，可用手拔元器件的引脚确认确实焊牢。焊接过程中不能按“设备开启”按钮，不给电路板供电。

③ 根据软件界面中实验要求的步骤，依次操作。在正弦波发生器实验要求的文字指引下，为硬件电路板上的电路加工作电压。通过软件操作界面为硬件电路板的$+V_{CC}$、$-V_{CC}$加直流电压，如图 1-14 所示。单击软件界面上的“设备开启”按钮，开启直流电源、信号发生器、示波器，单击“停止”按钮断电。可用万用表直流电压挡检查$+V_{CC}$、$-V_{CC}$与 GND 之间的直流电压。如果万用表检测到的直流电压值达不到软件设置的电压值，则说明电路中存在短路。值得说明的是，正弦波发生器实验不需要为硬件电路板加交流信号电压。在其他实验中，如果需要为电路板加交流信号电压，可通过软件界面设置交流信号电压的波形、有效值、频率，通过信号发生器探头输出至硬件电路板。可用示波器输入探头与信号发生器输出探头相

接来检查两设备是否正常，示波器显示出信号发生器信号的波形和参数。示波器和万用表都可以检测直流电压、交流电压信号的平均值和有效值，万用表可快速检测电压数值，示波器可直观展示电压波形。

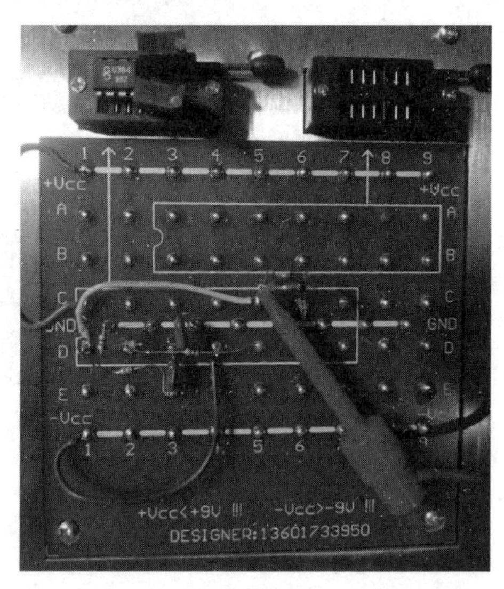

图 1-14　正弦波发生器实验硬件电路板焊接示意图

④ 在实验要求的文字指引下，对电路进行初步调试，用万用表或者示波器观察电路关键节点处的电压或波形是否正确。如果电路关键节点处电压的数值和波形满足要求，则说明电路的焊接基本正确。在此基础上，在软件界面左下方正确选择电路图节点和实际焊点坐标的对应关系，确认完成后，单击"电路连接完成后请在左下方正确选择电路图节点和实际焊点的对应关系，按键确认"，开启电路各有效节点电参数的自动检测，如图 1-13 和图 1-15 所示。正弦波发生器实验电路中的关键节点有 3 个，分别为集成运算放大器的 1、2、3 端口，对应的电路图节点编号为 J4、J2、J1，对应图 1-14 中的焊点坐标为 D1、D2、D3。实验者在图 1-13 左下方输入电路图节点和电路板焊点的对应关系并单击"电路连接完成后请在左下方正确选择电路图节点和实际焊点的对应关系，按键确认"，开启电路检查后，智能实验平台将焊点处的电参数读取并与软件中提前设置的数值上、下限值相比较，如果在范围内，则电路检查通过；如果超出范围，则电路检查不通过，并在软件界面显示哪个节点的电参数值是超出了上限或者下限，提示实验者检查电路，直到电路调试正确，电路检查方能通过，确保了实验课程的教学质量。电路检查通过，在实验要求的文字指引下，在图 1-13 右下方填入关键节点处电压的平均值、有效值和频率，用示波器检测节点处的电压波形并按照文字提示截图。如图 1-13 所示，示波器的波形截图下方有操作者的学号，同时，实验平台摄像头抓拍实验者的面部照片，供系统进行身份确认。继续在实验要求的文字指引下，完成实验内容，并在电子实验报告中做好记录，最后单击"本实验完成确认进入下一实验"退出本实验，如图 1-16

所示。退出实验后，会自动回到实验选择界面，并显示已完成实验的完成时间和未完成的实验，如图 1-11 所示。

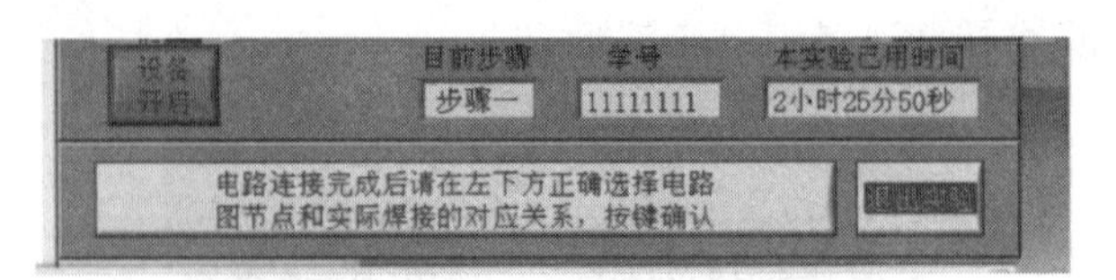

图 1-15 开启电路检查按键

图 1-16 本实验完成确认进入下一实验界面

1.4 元器件认知和检测

元器件位于实验平台左方，如图 1-17 所示，包括护目镜、导线钳、平头螺丝刀，从上到下四层盒子依次放置电阻、电容、二极管和三极管、集成电路和可变电阻，使用万用表检测元器件。实验操作可不剪短元件引脚，以方便重复使用。

图 1-17 元器件放置

1.4.1 定值电阻

由色环初步确定定值电阻的阻值，再用万用表电阻挡确认。在用万用表确认定值电阻的阻值时，量程选择与阻值接近的挡位。

色环和数字的对应关系为：黑—0、棕—1、红—2、橙—3、黄—4、绿—5、蓝—6、

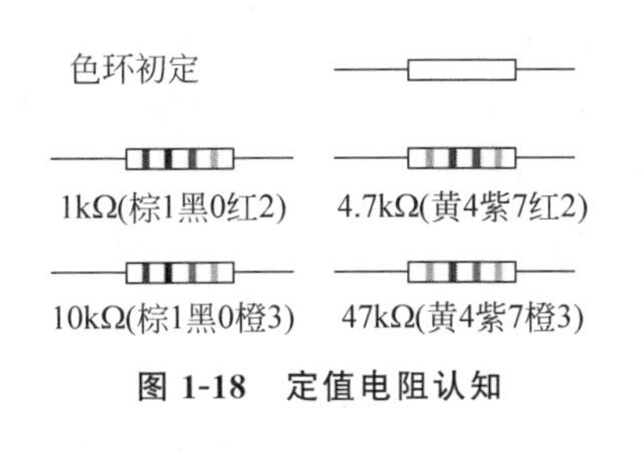

图 1-18 定值电阻认知

紫—7、灰—8、白—9、金—±5%、银—±10%、无色—±20%。当电阻为四环时，最后一环为金或银，前 2 位为有效数字，第 3 位为乘方数，第 4 位为偏差，如红黑棕银－201(10%)，即为 200Ω。当电阻为 5 环时，且最后一环与前面 4 环的距离较大，则前 3 位为有效数字，第 4 位为乘方数，第 5 位为偏差，偏差精度比 4 环高一个数量级，如棕黑黑黄金－1004(0.5%)，即为 1MΩ。定值电阻的电路符号和色环示意图如图 1-18 所示。

本书实验电路图中使用频率较高的电阻有：棕黑红银－102(10%)，即为 1kΩ；棕黑橙银－103(10%)，即为 10kΩ；黄紫红银－472(10%)，即为 4.7kΩ；黄紫橙银－473(10%)，即为 47kΩ。选择电阻时，先根据色环初步筛选电阻，再用万用表电阻挡确认阻值。测量电阻时应注意不要用手同时接触电阻两端，因为人体电阻会影响测量值。

1.4.2 可变电阻

可变电阻的阻值由标识初定，由万用表电阻挡确认。在用万用表确认可变电阻的阻值时，量程选择与阻值接近的挡位。

可变电阻的电路符号和示意图如图 1-19 所示。可变电阻的封装上标出全阻值，例如，滑动变阻器封装上显示 103，前 2 位为有效数字，第 3 位为乘方数，单位为 Ω，即为 10kΩ。

可变电阻左右两引脚间的阻值为所标识的全电阻，中间引脚为抽头，可利用平头螺丝刀调节抽头位置。抽头引脚与左引脚阻值加上抽头引脚与右引脚阻值即为全电阻。

图 1-19 可变电阻认知

1.4.3 电容

电解电容分正、负极，其他小容量电容不分正、负极。电容数值标注：对电解电容，标注单位通常为 μF；对小容量电容标注单位通常为 pF，如标注为 104，即 10^4，即 0.1μF(对实际应用中常用的贴片元件，电容通常是不标注的)，可用万用表的电容挡测试电解电容和小容量电容的电容值。

电解电容的电路符号和示意图如图 1-20(a)所示。可以通过引脚长短来分辨电解电容的正、负极，即长脚正、短脚负。电解电容封装上用白色和减号标注了负极引脚所在的位置，并标出了电解电容值和能够加载在正、负引脚上的直流电压上限值。

小容量电容的电路符号和示意图如图 1-20(b)所示。小容量电容的种类较多,图中所示的为瓷片电容,引脚不分正负。电容的封装上标出电容值,如电容封装上标示 103,则前两位为有效数字,第三位为乘方数,单位为 pF,即为 10nF。电容封装上标示 104,前两位为有效数字,第三位为乘方数,单位为 pF,即为 100nF。

1.4.4 二极管

二极管分正、负,外加正向电压二极管导通压降较小,外加反向电压二极管截止,即正向导通反向截止。可用万用表的二极管挡检测二极管。

本书实验电路中用到的 1N4007 和 1N4148 二极管电路符号和示意图如图 1-21(a)所示。二极管封装上用白圈(1N4007)或黑圈(1N4148)标注负极,用钢印标注型号,利用万用表二极管挡检测时,其正向导通电压约为 0.6V,反向截止电压超量程“OL”。

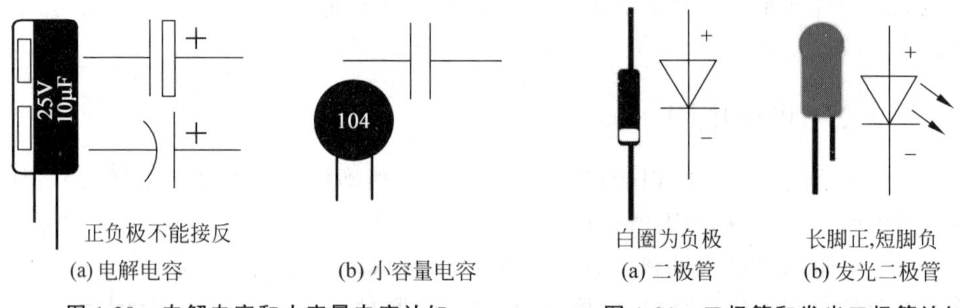

图 1-20 电解电容和小容量电容认知

图 1-21 二极管和发光二极管认知

本书实验电路中用到的发光二极管电路符号和示意图如图 1-21(b)所示,可以通过引脚长短来分辨发光二极管的正、负极,即长脚正、短脚负。利用万用表二极管挡检测时,发光二极管的正向导通电压约为 1.8V(可以见到微亮),反向截止电压超量程“OL”。

1.4.5 三极管

三极管型号用钢印标注在黑色封装平面上,常用的 8050 为 NPN 型,8550 为 PNP 型。三极管引脚的识别:面向黑色封装平面,从左到右依次为 e、b、c(发射极、基极、集电极),如图 1-22 所示。

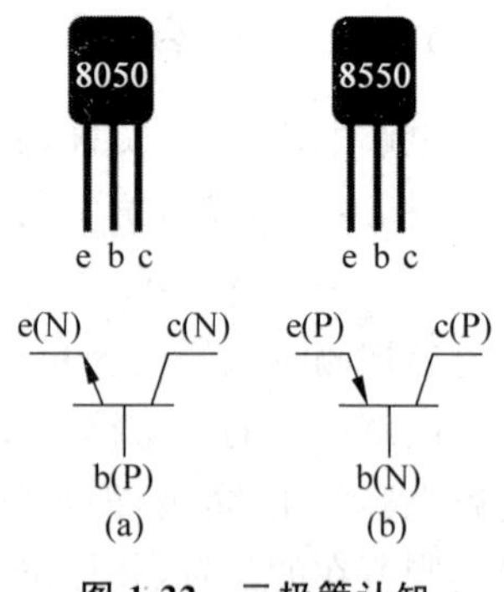

图 1-22 三极管认知

三极管的检测可利用万用表二极管检测挡进行,NPN 型三极管的 eb、bc 引脚之间分别对应 NP、PN 两个结;PNP 型三极管 eb、bc 引脚之间分别对应 PN、NP 两个结。本书实验电路中用到的 8050NPN 型、8550PNP 型三极管,在利用万用表二极管挡检测时，每个 PN 结正向导通电压约为 0.7V，反向截止电压超量程“OL”，还可利用万用表 hFE 挡进一步检测三极管的电流放大倍数。

1.4.6 集成电路

本书实验电路中用到的 358、555、431 集成电路符号和示意图如图 1-23 所示，具体的引脚和功能可查阅具体型号的集成电路说明书。对于 358、555，面向封装平面缺口(圆点或横线)，引脚朝下，左上脚为 1，逆时针顺序到最后引脚位。

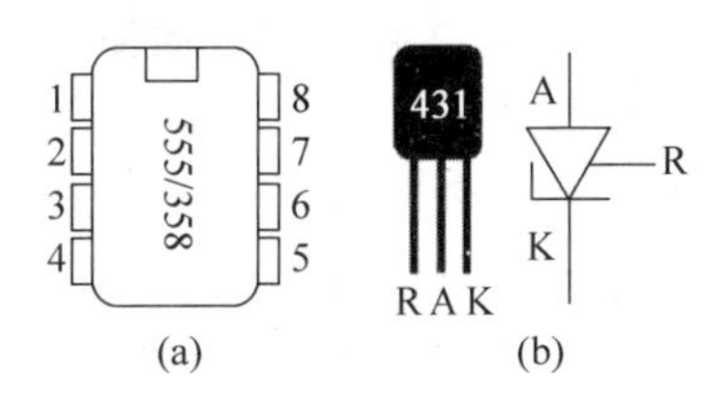

图 1-23 集成电路认知

本实验平台开发了面向平台常用的 358、555、431 集成电路检测装置，如图 1-24 所示。将相应的集成电路放在指定的元器件插槽位置，按下压杆，若对应的发光二极管灯常亮，则说明集成电路正常工作。

图 1-24 集成电路检测装置

1.5 智能电子技术实验平台的维护和故障处理

1.5.1 智能电子技术实验平台的维护

1. 清洁电路板

(1) 断电，即停止给电路板供电。

(2) 清除电路板上多余的焊锡。若电路板黄铜合金焊点上焊锡过多，焊锡重复使用会使氧化物杂质增加，可能影响元器件的焊接效率，从而造成难焊、虚焊，影响电路的电导率。将电烙铁焊头放置于电路板上待去除焊锡处，通电 3s 左右，高温可使电路板焊点处的焊锡熔融，用焊头剔除焊点上多余的焊锡即可。

（3）清洗电路板上的有机物。电路板上的焊点材料是黄铜合金，利用焊锡在高温下可将元器件引脚与黄铜合金焊点焊接牢固。焊锡中添加了有机助焊剂，使电路板焊点处有有机物残留。在硬件电路板断电的前提下，用棉球蘸取无水乙醇（分析纯，质量分数大于99.5%）擦拭电路板，可去除有机物。

2. 电路板焊点与软件通信检测

电路板上的黄铜合金焊点反复经受高温焊接，会使焊锡中的氧化物杂质增加，当杂质阻碍黄铜合金焊点与其底部连接的电压参数扫描电路接口时，则会发生断路，造成检测平台硬件电路板焊点与软件通信不畅，从而影响电路操作。

实验前可检测平台硬件电路板焊点与软件通信。在计算机桌面上双击运行“连续节点检测调试用”图标，进入电路板焊点与软件通信的检测软件，如图1-25所示。该软件可对所有45个焊点进行连续检查（连续测量），也可以选择某个具体焊点进行检查（单点测量）。

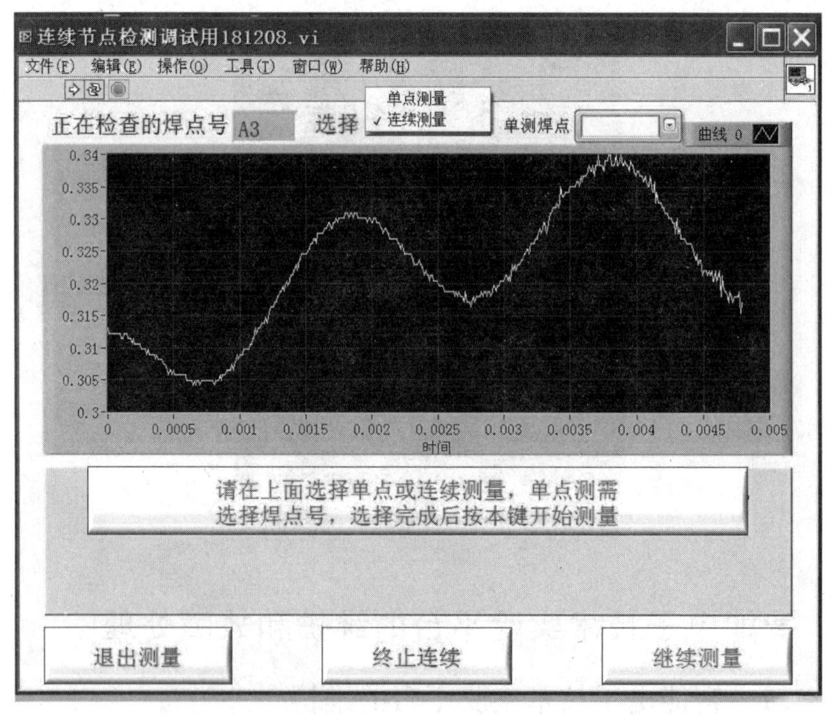

图1-25 连续焊点检测用界面（无信号状态，即正在检测的A3焊点信号发生器输出的正弦波信号未接入）

在连续检测模式下，每个焊点检测时间维持大约2s，及时移动信号发生器输出探头，接触软件正在检测的焊点，并观察该焊点处波形显示是否正常（正弦波，500Hz，有效值1V）。在连续检测模式下，检测第一个点为OSC（示波器探头），之

后检测焊点 A_1，A_2，…，E_8，E_9，$+V_{CC}$，$-V_{CC}$。其中，$+V_{CC}$ 和 $-V_{CC}$ 设置为正负 8V，波形显示为正负 8V 的直线。如显示波形不正确，则表明检测的焊点与软件通信不正常。

如果发现某个焊点与软件通信异常，则用电烙铁加热该焊点 3～10s，让该焊点处的氧化物析出。用电烙铁焊头剔除电路板黄铜合金焊点上的焊锡，断电后用棉球蘸取无水酒精清洁电路板，进行硬件电路板的维护。

3. 清洁电烙铁焊头

本实验平台使用瞬热型电烙铁，通电 3s 后即可焊接，焊接时间不可过长，否则电烙铁头易被氧化，若电烙铁头有氧化的焊锡渣和有机物残留，则通电 3s 左右，高温可使电烙铁焊头处的焊锡和有机物熔融，此时用干燥的餐巾纸快速擦拭焊头清洁，并重新上锡。

4. 去除元器件引脚上的氧化层

元器件引脚和导线如长期暴露在空气中或反复焊接，表面容易被氧化，影响元器件的焊接效率，造成难焊、虚焊，影响电路的电导率。此时，可用刀片或镊子刮去引脚表面氧化层再进行焊接。要注意充分利用焊锡丝中的助焊剂为引脚上锡，即尽量让未熔化的焊锡丝靠近被焊体，再用电烙铁头去熔化，否则，若先把焊锡丝熔化到电烙铁头上再去焊接，焊锡丝内的助焊剂有效成分会快速挥发而起不到助焊效果。

5. 元器件归类放置，剔除损坏的元器件

若发现损坏的元器件，应及时剪去引脚做标记，并及时将其剔除，避免与好的元器件混淆。

1.5.2　智能电子技术实验平台的故障处理

1. 软件

实验平台软件通过控制器的无线卡与服务器无线通信，无线连接标志显示在软件右下角。若无线通信器发生故障，会导致软件右下方显示无线未连接，软件弹出小窗口提示故障为无线连接失败，实验将无法进行。

无线卡与计算机主机 USB 接口松动，导致无线通信不畅。重新插入无线通信器到计算机主机的 USB 接口，重新启动计算机，观察到软件右下方的无线图标成功连接，双击“学生端应用程序”重新进入实验操作。有时无线连接可能误连至其他无线网上，此时虽然有无线连接图标，但仍无法与服务器通信，则应单击无线连接图标查看无线网名称是否为系统的局域网。

2. 硬件

改进产品除了无线卡和鼠标，没有其他的 USB 接口连接，电路板扫描电路控制器及计算机已一体化。硬件电路板及其控制器为一体化产品，在工作过程中受到干扰有时会像计算机一样程序卡顿，若实验中遇到异常，最有效的解决方法就是重启程序，若还是解决不了则关机重启，只要是同一实验台、同一学号，在15min内关机重启就不会启动清空实验板元件检查（启动程序后还是要单击“实验板清空”按钮）。

3. 摄像头

实验过程中摄像头要拍摄并确认实验者。若摄像头故障，软件会弹出小窗口提示故障为摄像头连接失败，实验将无法进行。

4. 电烙铁

平台使用瞬热型电烙铁，按下按钮3s可达焊接温度，连续焊接时间建议不超过15s，因为长时间高温容易将电烙铁焊头氧化或熔断。若电烙铁按键失灵，电烙铁焊头熔断，则更换按键、焊头，或者更换电烙铁。

1.6 安全警示

1. 平台硬件

（1）必须佩戴护目镜。

（2）断电清洁硬件电路板。

（3）断电焊接。

2. 电烙铁

电烙铁必须放置于电烙铁架上。

3. 元器件

电解电容分正负极，禁止反接。

1.7 智能电子技术实验平台的实验内容增减功能

智能电子技术实验平台的实验内容增减功能主要通过软件设计实现。在软件模块中，可通过设置电路原理图，实验内容，重要节点个数，重要节点电压参数上、下限等来实现。

第2章

线性电路原理

2.1 实验目的和要求

本实验相对简单，电路仅由电阻网络和电源组成，实验用来验证电路的叠加原理和等效电源。

本实验的目的是要通过一个相对简单的电路实验来熟悉实验平台的使用，还可以通过实验来深入理解电路的叠加原理和等效电源。此外，对电子电路的分析和计算也很重要，请在理论上先充分理解电路的原理再进行实验。

2.2 预习要求

(1) 焊接实验前，用 Multisim 软件将实验内容仿真一遍，完成并上传预习报告。

(2) 请充分理解电路原理，完成仿真预习，再进行焊接实验。

2.3 线性电路的叠加原理

2.3.1 电路图及工作原理

参考电路图 2-1，实验原理(电路的叠加原理)表述为：对于一个线性系统，一个含多个独立源的双端线性电路的任何支路的响应(电压或电流)等于每个独立源单独作用时的响应的代数和，此时所有其他独立源被替换成它们各自的阻抗。

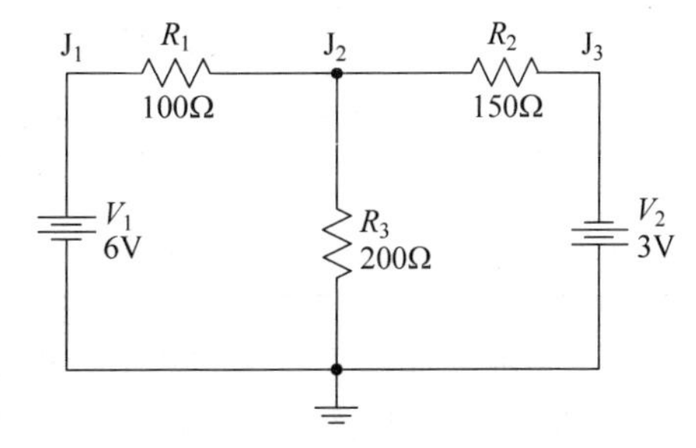

图 2-1 线性电路的叠加原理

本实验将正、负两个电压源加在电阻网络上，测量 J_2 点的电压为 V_{J_2}；随后调整其中一个电压源为零，测量 J_2 点的电

压为 $V_{J_{21}}$；再恢复该电压，调整另一个电压源为零，测量 J_2 点的电压为 $V_{J_{22}}$；则根据电路的电压叠加原理，可得 $V_{J_2}=V_{J_{21}}+V_{J_{22}}$。以同样的数据，还可以验证电路的电流叠加原理：两个电源同时加在电路上时，流过 R_1 的电流为 $I_R=(V_{J_1}-V_{J_2})/R_1$，若其中一个电源为零时，流过 R_1 的电流为 $I_{R_1}=(V_{J_{11}}-V_{J_{21}})/R_1$，另一个电源为零时，流过 R_1 的电流为 $I_{R_2}=(V_{J_{12}}-V_{J_{22}})/R_1$，则根据电路的电流叠加原理，可得 $I_R=I_{R_1}+I_{R_2}$。

2.3.2 实验内容及结果

(1) 在智能电子技术实验平台上，按电路图 2-1 排布焊接相应的元器件，将电路检查通过后的实验板电路连接拍照保存。

(2) 按照智能电子技术实验平台中的实验步骤调节实验板上的供电电源 $+V_{CC}$ 至 6V，$-V_{CC}$ 至 −3V，并用数字万用表测量确认。如有问题，则按照智能电子技术实验平台中实验内容中的提示排查原因，写出纠正过程。

(3) 用万用表测量节点 J_1、J_2 和 J_3 的电压参数，填入表 2-1。如有问题，则按照智能电子技术实验平台中实验内容的提示排查原因，写出纠正过程。

表 2-1 节点 J_1、J_2 和 J_3 的电压参数(万用表测量)

节 点	J_1	J_2	J_3
直流电压平均值/V			

(4) 电路保持以上状态，在智能电子技术实验平台软件界面中按要求输入实验原理图节点和电路板焊点的对应关系，并截图保存。

(5) 在智能电子技术实验平台软件界面中，单击“电路连接完成后请在左下方正确选择电路图节点和实际焊点的对应关系，按键确认”，开启电路检查。如有问题，智能电子技术实验平台软件将提示是哪个节点电压检测未通过，且该节点电压参数超出上限还是下限，则按照检测结果提示并结合平台实验内容的提示排查原因，写出纠正过程。

(6) 电路检查通过后，按照智能电子技术实验平台中的实验步骤进行实验。用电路板的示波器探针检测 J_1、J_2 和 J_3 点的波形参数，填入表 2-2。将节点直流电压的平均值输入软件，计算机核实是否正确。

表 2-2 节点 J_1、J_2 和 J_3 的电压参数(示波器检测)

节 点	J_1	J_2	J_3
直流电压平均值/V			

(7) 按照智能电子技术实验平台中的实验步骤进一步观察。

① 断开 J_1 连接的 +6V 电压，把 J_1 接地，即 +6V 变为 0V，随后用万用电表测量 J_1、J_2、J_3 的直流电压平均值($V_{J_{11}}$、$V_{J_{21}}$、$V_{J_{31}}$)，并填入表 2-3。

表 2-3 节点 J_1、J_2 和 J_3 的电压参数(J_1 接地)

节 点	$J_1(V_{J_{11}})$	$J_2(V_{J_{21}})$	$J_3(V_{J_{31}})$
直流电压平均值/V			

② 恢复 J_1 连接+6V,断开 J_3 连接的−3V,把 J_3 接地,即−3V 变为 0V,随后用万用电表测量 J_1、J_2、J_3 的电压值($V_{J_{12}}$、$V_{J_{22}}$、$V_{J_{32}}$),并填入表 2-4。

表 2-4 节点 J_1、J_2 和 J_3 的电压参数(J_3 接地)

节 点	$J_1(V_{J_{12}})$	$J_2(V_{J_{22}})$	$J_3(V_{J_{32}})$
直流电压平均值/V			

③ 用上面测得的实验数据验证电路的叠加原理,计算理论值,并与实验值比较计算相对误差。

(8) 教学建议中提及的本章教学安排的步骤 1 完成。

2.4 有源线性电路的等效原理

2.4.1 电路图及工作原理

参考电路图 2-2,实验原理(有源线性二端网络电路的等效变换定理)理解如下:

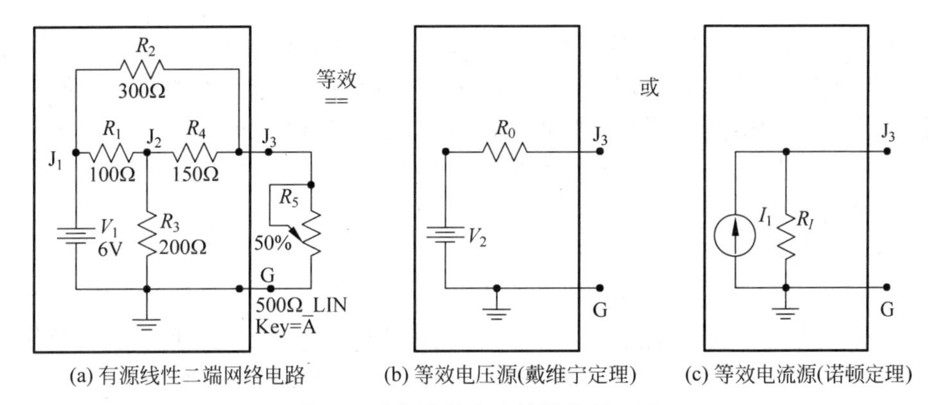

(a) 有源线性二端网络电路　(b) 等效电压源(戴维宁定理)　(c) 等效电流源(诺顿定理)

图 2-2 有源线性电路的等效原理图

(1) 戴维宁定理。任何一个线性有源二端网络(内部包含任意一个电压或电流源及电阻,由二端输出)都可以用一个理想的电压源串联一个电阻来等效。

(2) 诺顿定理。任何一个线性有源二端网络(内部包含任意一个电压或电流源及电阻,由二端输出)都可以用一个理想的电流源并联一个电阻来等效。

对于电压源等效(戴维宁定理),其等效的理想电压源的电压即为两端输出的开路电压;对于电流源等效(诺顿定理),其等效的理想电流源的电流即为两端输出的短路电流；对同一电路的两种等效，电压源等效的串联电阻和电流源等效的并联电阻相等，该等效内阻都等于二端输出的开路电压除以短路电流。

根据以上原理，当在两输出端接上一个可变电阻作为负载时，调节可变电阻使输出端电压为两端开路电压的一半，此时该可变电阻的阻值就等于等效电路的内阻。

2.4.2 实验内容及结果

(1) 在智能电子技术实验平台上，按电路图 2-2 排布焊接相应的元器件，将电路检查通过后的实验板电路连接拍照保存。

(2) 按照智能电子技术实验平台中的实验步骤调节实验板上的供电电源 $+V_{CC}$ 至 6V，并用数字万用表测量确认。如有问题，则按照智能电子技术实验平台中的实验内容提示的排查原因，写出纠正过程。

(3) 先断开负载 R_5 的连接，用万用表测量两端输出节点 J_3 的开路电压 $V_{J_{3k}}$ 的直流电压平均值；然后连接 R_5，调整 R_5 至两端输出电压 $V_{J_3}=V_{J_{3k}}/2$，填入表 2-5。

表 2-5 节点 J_3 的电压参数

节　　点	J_3(开路，$V_{J_{3k}}$)	J_3(接 R_5，V_{J_3})
直流电压平均值/V		

(4) 电路保持以上状态，在智能电子技术实验平台软件中，按要求输入实验原理图节点和电路板焊点的对应关系，并截图保存。

(5) 在智能电子技术实验平台软件界面中，单击“电路连接完成后请在左下方正确选择电路图节点和实际焊点的对应关系，按键确认”，开启电路检查。如有问题，智能电子技术实验平台软件将提示是哪个节点电压检测未通过，该节点电压参数超出上限还是下限，则按照检测结果提示并结合平台实验内容的提示排查原因，写出纠正过程。

(6) 电路检查通过后，按照智能电子技术实验平台中的实验步骤进行。用万用表测量 J_1、J_2、J_3 的直流电压平均值(V_{J_1}、V_{J_2}、V_{J_3})，并填入表 2-6。同时用电路板的示波器探针检测节点 J_1、J_2 和 J_3 的电压波形。将 J_1、J_2、J_3 的实验波形分别截图保存。将节点的直流电压平均值输入软件，计算机核实该数据是否正确。(数据即示波器的直流分量值，当示波器显示直流时，由于纵坐标的灵敏度很高，示波器在直流线上会显示出很多噪声，这是正常现象，直流电压上都有 mV 级的噪声)。

表 2-6 节点 J_1、J_2 和 J_3 的电压参数

节　　点	J_1(V_{J_1})	J_2(V_{J_2})	J_3(V_{J_3})
直流电压平均值/V			

(7) 保持 R_5 可变电阻状态，焊下后测量其阻值 R_5，并填入表 2-7，此阻值即为

左边电路的等效电压源或等效电流源的内阻。

表 2-7　可变电阻 R_5 的阻值

电阻	R_5
阻值/Ω	

(8) 教学建议中提及的本章教学安排的步骤 2 完成。

(9) 本实验可讨论的问题和建议。

第3章

信号放大电路

3.1 实验目的和要求

共发射极单三极管放大电路具有对小信号电压放大的能力，电压放大倍数可从几倍到几百倍，输入电阻和输出电阻都在数千欧。三极管放大电路的静态工作点是否合适和稳定决定了其是否能有效放大信号，静态工作点通常要求处于动态范围的中点，并保持稳定。

本实验将比较单偏置和分压偏置两种共发射极单三极管放大电路，观察分析静态工作点的稳定性和静态工作点对交流信号放大性能的影响；同时测量信号放大电路的基本参数：电压放大倍数 A_v、输入电阻 R_i、输出电阻 R_o。请在理论上先充分理解电路的原理再行实验。

3.2 预习要求

(1) 焊接实验前，先用 Multisim 软件将实验内容仿真一遍，完成并上传预习报告。

(2) 请充分理解电路原理，完成仿真预习，再进行焊接实验。

3.3 单偏置三极管共发射极放大电路

3.3.1 电路图及工作原理

参考电路图 3-1，实验原理理解如下：

由三极管 Q_1 组成共射极放大电路，信号由 J_1 输入，经 C_1 隔直后送入 Q_1 的基极，信号经 Q_1 放大后由 Q_1 的集电极输出，再经 C_2 隔直后输出纯交流信号。对三极管 Q_1 来说，发射极是输入和输出的公共接地端，所以本电路称为共发射极放大电路。共发射极放大电路为反相放大器，即输入正半周时输出为负半周，这是因为输入正半周最大时 I_b 相应地也最大，$I_c=\beta I_b$ 最大，所以此时 J_3 电位最小，即输

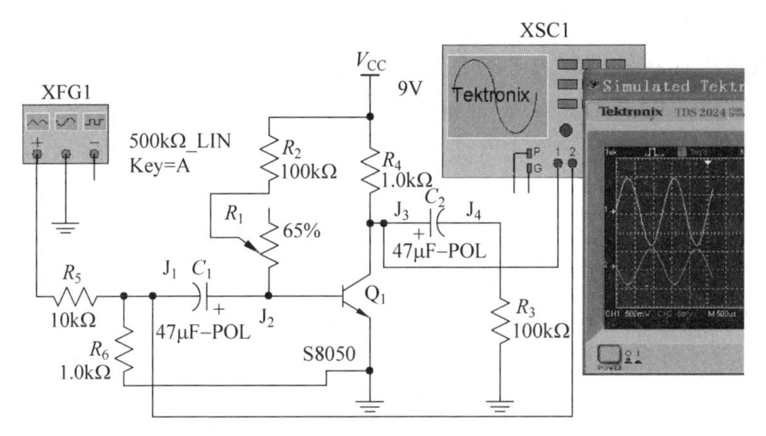

图 3-1 单偏置三极管共发射极放大电路原理

出为负半周。

交流信号是一种电压随时间变化的信号，所以对交流信号放大电路中信号经历的每个节点都必须有足够的动态范围，否则信号的瞬时最大值或最小值会受到限制而发生削波失真，在信号为零时放大电路中的各节点静态电位应处于最大动态范围的中点附近，这是交流放大电路静态工作点设置的基本原则。通常习惯上称三极管集电极输出端的静态电位为静态工作点，只要这一点满足了动态范围要求，放大电路就能正常放大交流信号。电路中基极静态偏置电流 I_{b0} 来自基极电阻 R_1+R_2，则 $I_{c0}=\beta I_{b0}$，由于 J_3 点的最大动态范围为 0～9V，所以静态电位在 4.5V 附近达到最大动态范围，$I_{c0}=4.5\text{V}/1\text{k}\Omega=4.5\text{mA}$。调节 R_1 即可达到这个静态电位。

由于三极管的 β 值受温度影响较大，所以温度变化时静态电位会漂移，严重时可使静态工作点移至最大动态范围边缘，而使实际动态范围受限，实验中可以用电烙铁靠近三极管加热的方法观察到这个现象，要避免这一问题必须使用教学建议中提及的本章教学安排的步骤 2 的分压偏置电路（见 3.4 节）。三极管放大电路具有非线性，即输入信号越正的部分放大倍数越大，越负的部分放大倍数越小。所以三极管放大电路只有在放大微小信号时才可以近似认为是线性放大，当输入信号幅度较大时，被放大的输出信号非线性失真较严重，实验中可以观察到这一现象。

三极管放大电路具有非线性的原因：输入信号 U_i 和基极电流 I_b 之间的关系是二极管的正向伏安特性关系，所以它们之间呈指数曲线关系，而不呈线性关系；U_i 的瞬时值越大，$\delta_{I_b}/\delta_{U_i}$ 越大，所以电路的放大倍数也越大；而当 U_i 瞬时值小到使 I_b 很小时，二极管的正向伏安特性决定了此时 $\delta_{I_b}/\delta_{U_i}$ 趋于零，所以放大器在输出幅度较大时可以明显观察到输出的正半周（对应输入的负半周）偏小于输出的负半周；通常三极管共射极放大电路的静态工作点设置在中点偏下，动态范围避免覆盖三极管电流较小趋于截止的部分，以改善大信号时的非线性。

虽然三极管共射极放大电路对越大的瞬时信号的放大倍数越大，但幅度越大的信号经放大后输出正半周（对应输入负半周）的放大倍数损失要多于输出负半周（对应输入正半周）放大倍数的增加，所以放大的信号越大，三极管共射极放大电路整体的放大倍数（输出交流信号有效值/输入交流信号有效值）越小。

图 3-1 中示波器显示输入信号和输出信号，由纵坐标可见电压放大倍数约为 −150（负号表示反相放大），由微变等效电路可以得到本电路放大倍数的表达式：$A_v=-\beta(R_4 /\!/ R_L)/r_{be}$，$R_L=R_3$ 为负载；输入电阻：$R_i=(R_1+R_2)/\!/r_{be}$；输出电阻：$R_o=R_4$。可得 $r_{be}=200+(1+\beta)\times 26/I_{c0}$（mA），其中 I_{c0} 为集电极静态电流，可由静态时电阻 R_4 上的压降求得。

3.3.2 预习思考题

（1）若电路正常工作，J_3 节点的电位约为多少？若 J_3 电位一直很高，无法调低，请列出所有可能的原因。

（2）当 Q_1 的 c 极和 e 极接反时，电路会是什么状态？

3.3.3 实验内容及结果

（1）在智能电子技术实验平台上，按电路图 3-1 排布焊接相应的元器件，将电路检查通过后的实验板电路连接拍照保存。

（2）按照智能电子技术实验平台中的实验步骤调节实验板上的供电电源 $+V_{CC}$ 至 9V，$-V_{CC}$ 至 0V，并用数字万用表测量确认。如有问题，则按照智能电子技术实验平台中实验内容提示的排查原因，写出纠正过程。

（3）电路输入端首先不接入信号发生器，而是接地，用万用表直流挡测量 J_3 的静态电位，调节 R_1，使 J_3 为 4V，并填入表 3-1。如有问题，则按照智能电子技术实验平台中实验内容提示的排查原因，写出纠正过程。

表 3-1 节点 J_3 的电压参数

节　　点	$J_3(V_{J_3})$
直流电压平均值/V	

（4）把信号发生器输出接至电路输入端，并调至 500Hz，选择正弦波输出，调节输出幅度有效值 $V_s=0.1$V，此信号经 10kΩ 和 1kΩ 分压后输入放大电路，用示波器观察放大电路输入端（分压端 J_1）的波形，核实有效值（约为 3.5mV，噪声和误差较大）和频率，并填入表 3-2。请将电路输入端波形、J_1 的实验波形分别截图保存。如有问题，则按照智能电子技术实验平台中实验内容提示的排查原因，写出纠正过程。

表 3-2　输入端和节点 J_1 的电压参数

节　　点	直流电压平均值/V	交流电压有效值/V	频率/Hz
电路输入端			
J_1			

(5) 用示波器观察电路节点 J_3，其应该是含直流的正弦波，参考最大值在 4.9V 左右，最小值在 3.1V 左右，有效值在 0.63V 左右，由于三极管的 β 值不同，这 3 个数据实际可能会有较大的不同，如仅是因为 β 值的原因，可以适当调整输入信号幅度，使 J_3 点的有效值最接近于 0.63V，并填入表 3-3。请将 J_3 的实验波形截图保存。如有问题，则按照智能电子技术实验平台中实验内容提示的排查原因，写出纠正过程。

表 3-3　节点 J_3 的电压参数

节点	直流电压平均值/V	电压最大值/V	电压最小值/V	交流电压有效值/V	频率/Hz
J_3					

(6) 用示波器观察电路节点 J_4，其应该是有效值为 0.63V 左右的纯正弦波，但示波器上显示的直流分量并不为零，而是在慢慢变小，这是因为输出耦合电容(47μF)和负载(100kΩ)的时间常数较大，需要等待很长时间直流分量值才能趋于零，将其填入表 3-4。请将 J_4 的实验波形截图保存。如有问题，则按照智能电子技术实验平台中实验内容提示的排查原因，写出纠正过程。

表 3-4　节点 J_4 的电压参数

节点	直流电压平均值/V	电压最大值/V	电压最小值/V	交流电压有效值/V	频率/Hz
J_4					

比较 J_1 的幅度，求得实际电压放大倍数，并与理论计算值比较(β 值由万用电表测得)，填入表 3-5。

表 3-5　节点及电路的参数

J_1 实测交流有效值/V	J_1 分压计算交流有效值/V	J_4 实测交流有效值/V	A_v 实验值	A_v 计算值

由于 J_1 的有效值很小，用万用表交流电压挡或示波器测得的值的误差可能较大。获得 J_1 点信号有效值可靠的方法是测得信号发生器的信号有效值，经 10kΩ 与 1kΩ 和电路输入电阻分压计算得出，电路输入电阻在后面测量。请观察数据并讨论。

(7) 电路保持以上状态，在智能电子技术实验平台软件中，按要求输入实验原理图节点和电路板焊点的对应关系,并截图保存。

(8) 在智能电子技术实验平台软件中,单击开启电路检查。如有问题,智能电子技术实验平台软件将提示哪个节点电压检测未通过,该节点电压参数超出上限还是下限,请按照检测结果提示并结合平台实验内容提示的排查原因,写出纠正过程。

(9) 电路检查通过后,请按照智能电子技术实验平台中的实验步骤进行实验。用电路板的示波器探针检测节点 J_3 和 J_4 的电压波形。将节点电压参数输入软件中,由计算机核实是否正确,并填入表 3-6。

表 3-6 节点 J_3 和 J_4 的电压参数

参　数	J_3	J_4
交流电压有效值/V		
直流电压平均值/V		
频率/Hz		

(10) 请按照智能电子技术实验平台中的实验步骤进一步观察。

① 调节信号发生器有效值分别至 0.4V、0.6V、0.8V 和 1.0V,用示波器观察 J_3 的波形。请将 0.4V 输入时 J_3 的实验波形,0.6V 输入时 J_3 的实验波形,0.8V 输入时 J_3 的实验波形,1.0V 输入时 J_3 的实验波形分别截图保存。

以静态工作点 4V 为界,可以看到幅度越大,4V 以上的半周峰值要比 4V 以下的半周负峰值小得越明显,这是三极管非线性放大的结果(见 3.3.1 节);最后幅度大到发生上下削波,这是动态范围受限的结果。请估计出:要基本不失真地放大信号,本放大器的输入信号要限制在多少以下?请写出限值及依据。

将上面示波器测量记录已观察的 5 个输入信号的交流有效值和对应输出信号的交流有效值填入表 3-7。

表 3-7 节点 J_3 的电压参数和电路参数

J_3/输入信号	J_3/0.1V	J_3/0.4V	J_3/0.6V	J_3/0.8V	J_3/1.0V
交流电压有效值/V					
放大倍数 A_v					

以上的 A_v 输入信号由(信号发生器)输入信号经分压电阻和放大器输入电阻分压后得到;以上数据证实了输入信号越大,放大倍数越小的理论结论。请观察数据并讨论。

② 在信号有效值为 0.1V 时,用示波器观察 J_3 的波形,同时用电烙铁靠近三极管,观察 J_3 波形的变化,可以看到由于温度升高,β 值变大,将导致静态工作点下移,整个波形下移。请将三极管高温时的 J_3 波形截图保存。请观察数据并讨论。

③ 请把 R_3 负载电阻值换成 1kΩ,输入信号有效值保持为 0.6V;由于 1kΩ 负

载电阻的接入，由 A_v 表达式可知放大倍数将下降 1/2，同时由于负载电阻在动态时的分压，使得 J_3 节点的瞬时最大值下降，即 J_3 节点的动态范围变小，所以最佳静态工作点相应地下移。用示波器观察 J_3 节点的波形，同时调节 R_1 改变静态工作点：

a. 当静态工作点上移时(静态工作点相当于观察到的正弦波中点，集电极静态电位上移相当于集电极静态电流变小)，除了整个波形上移，波形幅度会变小，正半周会被压缩外，失真也会增大。请将静态工作点上移时的 J_3 波形截图保存。此现象的原因是前述电路原理中提到的电流越小放大倍数越小，且由于正半周受动态范围的限制而被压缩。

b. 当静态工作点下移时，除了整个波形下移，波形幅度也会变大，失真有所改善(示波器读数 THD%表示了失真度大小)。请将静态工作点下移时的 J_3 波形截图保存。观察数据并讨论。

④ 保持 $R_3=1\text{k}\Omega$，J_3 静态电位 3.5V，断开 R_5 和 R_6，在信号发生器和电路输入端间接入 1kΩ 电阻，信号发生器输出有效值调至 0.05V，用万用表交流挡测得电路输入端 J_1 的信号有效值 V_i，则电路输入电阻测量值为 $R_{i测}=V_i/(0.05-V_i)$ (kΩ)，而输入电阻的理论计算值为 $R_{i计}$，填入表 3-8，计算相对误差并分析原因。

表 3-8　输入电阻参数

$R_{i测}=V_i/(0.05-V_i)$/kΩ	$R_{i计}$/Ω	相对误差/%

(11) 教学建议中提及的本章教学安排的步骤 1 完成。

3.4　分压偏置三极管共发射极放大电路

3.4.1　电路图及工作原理

参考电路图 3-2，实验原理理解如下：

本电路信号放大的基本原理同教学建议中提及的本章教学安排的步骤 1(见 3.3 节)，但直流偏置不同，电源经电阻分压获得基极电压，由于基极电流 I_b 很小，J_2 基极静态电压基本不会随静态电流 I_{b0} 的变化而变化，这样当温度导致 β 变化而使 I_{c0} 变大时，由于 R_3 的存在(由于电容的隔直作用，R_7 对缓慢地变化不起作用)，J_3 的电位会升高，而 J_2 的电位基本不变，所以三极管基极和发射极间的压降变小，I_{b0} 下降，这就限制了 I_{c0} 进一步上升，实际上这是一种负反馈，R_3 越大，反馈越强，I_{c0} 可能的变化就越小，静态工作点也就越稳定。

分压偏置及 R_3 的存在稳定了静态工作点，但同时也使交流信号的放大倍数下降很大，根据微变等效电路可以求得：$A_v=-\beta(R_4/\!/R_L)/(r_{be}+(1+\beta)R_e)$，当

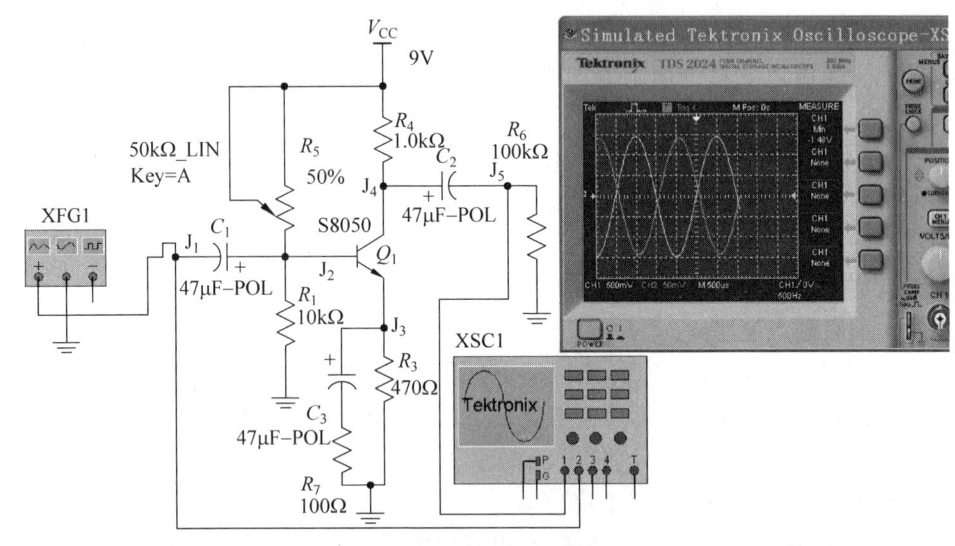

图 3-2 分压偏置三极管共发射极放大电路原理

没有 R_7 时，放大倍数大约是教学建议中提及的本章教学安排的步骤 1 的 1/50，所以电路中以 C_3 和 R_7 并联在 R_3 上，这样不仅不影响静态工作点的稳定，还提高了交流信号的放大倍数，因为对交流信号有 $R_e = R_3 /\!/ R_7$。

如果 $R_7 = 0$（短路 R_7），则本电路交流信号放大倍数会和教学建议中提及的本章教学安排的步骤 1 基本相同，R_7 有一定的阻值，虽然放大倍数会变小，但交流信号存在负反馈，放大器的性能可以得到改善，如非线性失真改善，放大倍数更稳定（由 A_v 的表达式可知，R_e 越大，β 的变化对 A_v 的影响越小），可提高输入阻抗等。

由于 R_3 的存在，三极管完全导通时 J_4 的最低电位也要比基极的静态分压高，即 J_4 节点的动态范围变小且抬高，所以 J_4 的最佳静态工作点应该取在 $+V_{CC}/2$ 的上面。

3.4.2 预习思考题

(1) 若电路正常工作，J_4 节点的电位约为多少？若 J_4 电位一直太低，无法调高，请列出所有的可能原因。

(2) 若 Q_1 的 c 极和 e 极接反，电路会是什么状态？

(3) 当 C_3 开路时，该电路的状态会发生什么变化？

3.4.3 实验内容及结果

(1) 在智能电子技术实验平台上，按电路图 3-2 排布焊接相应的元器件，将电路检查通过后的实验板电路连接拍照保存。

(2) 请按照智能电子技术实验平台中的实验步骤，调节实验板上的供电电源

$+V_{CC}$ 至 9V，$-V_{CC}$ 至 0V，并用数字万用表测量确认。如有问题，请按照智能电子技术实验平台中实验内容提示的排查原因，写出纠正过程。

(3) 电路的输入端 J_1 先不接入信号发生器，用万用表直流挡测量 J_4 的静态电位，调节 R_5，使 J_4 为 5V。如有问题，请按照智能电子技术实验平台中实验内容提示的排查原因，写出纠正过程。

(4) 把信号发生器输出接至电路输入端 J_1，把信号发生器调至 500Hz，选择正弦波输出，调节输出信号有效值 V_s=0.1V，同时用示波器观察电路输入端波形，核实有效值和频率。请将电路输入端波形截图保存。

(5) 用示波器观察电路节点 J_4，并截图保存，其为含直流的正弦波，有效值约为 1.04V，平均值约为 5V。请将节点 J_4 的实验波形截图保存。

(6) 用示波器观察电路节点 J_5，其幅度为 1V 左右的纯正弦波，比较 J_1 的幅度，可以求出实际测量电压放大倍数（有效值之比）$A_{v测}$，而理论计算值为 $A_{v计}$，填入表 3-9，并分析原因。请将节点 J_5 的实验波形截图保存。

表 3-9 电压放大倍数参数

$A_{v测}$	$A_{v计}$	相对误差/%

(7) 电路保持以上状态，在智能电子技术实验平台软件中，按要求输入实验原理图节点和电路板焊点的对应关系，并截图保存。

(8) 在智能电子技术实验平台软件中，单击开启电路检查。如有问题，智能电子技术实验平台软件将提示哪个节点电压检测未通过，该节点电压参数超出上限还是下限，请按照检测结果提示并结合平台实验内容提示的排查原因，写出纠正过程。

(9) 电路检查通过后，请按照智能电子技术实验平台中的实验步骤进行实验。用示波器测得 J_4 和 J_1 的波形，填入表 3-10。请将节点 J_4、J_1 的实验波形分别截图保存，将节点电压的参数输入平台软件，由计算机核实是否正确。

表 3-10 节点 J_1 和 J_4 的电压参数

节点	交流电压有效值/V	直流电压平均值/V	频率/Hz
J_4			
J_1			

(10) 请按照智能电子技术实验平台中的实验步骤进一步观察。

① 观察 R_7 的大小对非线性的影响：分别按 $R_7=0\Omega$、$R_7=50\Omega$（$100\Omega/\!/100\Omega$）、$R_7=100\Omega$ 三种情况调节信号发生器，同时用示波器观察 J_5 节点的波形，使 J_5 节点的输出信号有效值都为 1V，三种情况下分别读取示波器上的 THD 值（总谐波失真，表示与完美正弦波的差距，THD=0 表示是完美正弦波）和输入信号

的幅度，填入表 3-11，并分析原因。请将 $R_7=0$ 时节点 J_5 的实验波形、$R_7=50\Omega$ 时节点 J_5 的实验波形、$R_7=100\Omega$ 时节点 J_5 的实验波形，分别截图保存。

表 3-11　输出 J_5 的交流有效值为 1V 时的各种状况

R_7/Ω	输出 J_5 的 THD
0	
50	
100	

② 在①的三种情况下用示波器观察 J_4 的波形，同时分别用电烙铁靠近三极管，观察 J_4 集电极波形的变化，可以看到不同于教学建议中提及的本章教学安排的步骤 1(3.3 节)，静态工作点基本不受温度影响，整个波形稳定不变，分析其原因。

③ 在 $R_7=100\Omega$ 的情况下，用信号发生器和输入端之间串联电阻的方法测量输入电阻。串联电阻使用 47kΩ，信号发生器输出电压有效值 0.1V，测量值 $R_{i测}=$ 47kΩ×串联电阻右端(电路输入端)的信号有效值/串联电阻两端的信号有效值之差。电压有效值用万用表交流挡或示波器测得。

输入电阻的理论表达式为：$R_{i计}=R_b//(r_{be}+(1+\beta)R_e)$，其中，$r_{be}=200+(1+\beta)\times 26/I_{c0}(\text{mA})$，其中，$I_{c0}$ 为集电极静态电流，$R_b=(R_2+R_5)//R_1$，$R_e=R_3//R_7$。

比较以上理论值和测量值，并填入表 3-12，可以看到 R_e 的引入提高了输入阻抗。

表 3-12　输入电阻测量值和计算值

$R_{i测}/\text{k}\Omega$	$R_{i计}/\text{k}\Omega$	相对误差/%

(11) 教学建议中提及的本章教学安排的步骤 2 完成。

(12) 本实验可讨论的问题和建议。

第4章

功率放大电路

4.1 实验目的和要求

本实验电路是为实现对输入信号的功率放大，即放大电路在输出一定的电压信号时能输出一定的电流，或者说放大电路输出阻抗较低，能带动负载输出较大的功率。

电子技术的发展使得实际应用中功率放大电路已完全集成化，只需输入信号和提供电源，便可得到信号的功率输出。集成功率放大电路有两种工作原理：一种是模拟放大，另一种是数字放大。数字放大是把模拟信号数字化后进行功率放大，再还原成功率模拟信号输出，由于功率放大元件只工作在关闭或导通两种状态，所以数字放大电路损耗小、效率高，但电路复杂，信号放大质量不如模拟功率放大电路。

本实验只讨论由分立元件组成的模拟功率放大电路，该电路同模拟集成功率放大电路的基本原理相同，只是集成功率放大电路带有更多的保护功能，如输出过载保护、电路过温保护等。

三极管共射极电压信号放大电路虽然有足够的电压放大倍数，但输出电流有限，所以不能输出足够的功率推动功率负载。

为了能够输出足够的功率，需要放大元件三极管输出足够的电流，这可以利用PNP型三极管和NPN型三极管组成互补对称射极输出放大电路，该电路虽然电压放大倍数小，约等于1，但有足够大的电流放大倍数。

本实验就是把三极管共射极电压信号放大电路和互补对称射极输出放大电路组合应用，得到既有一定电压放大倍数，又能输出足够功率信号的放大电路。

PNP型三极管和NPN型三极管组成的互补对称射极输出放大电路需要克服三极管基极和发射极间的正向压降才能得到完整的电压波形输出，否则正负半周的过零交接处有一小段称为“交越失真”的过渡零电压。

本实验研究了功率放大器的特性、单双电源供电的不同电路及交越失真的消除方法。

4.2 预习要求

(1) 焊接实验前,先用 Multisim 软件将实验内容仿真一遍,完成并上传预习报告。

(2) 请充分理解电路原理,完成仿真预习,再进行焊接实验。

4.3 由三极管组成的模拟功率放大电路

4.3.1 电路图及工作原理

参考电路图 4-1,实验原理理解如下:

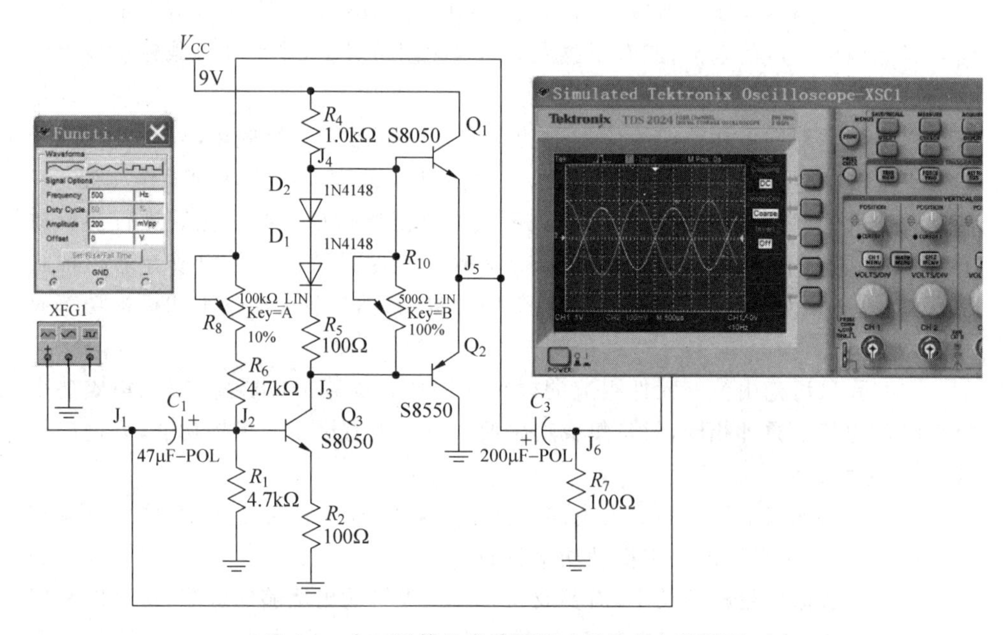

图 4-1 由三极管组成的模拟功率放大电路原理

图 4-1 是单电源供电的典型模拟功率放大电路,在集成功率放大器未普及使用前,该电路被广泛使用,模拟集成功率放大电路的基本工作原理均建立在该电路的基础上。

Q_3 组成了分压偏置的共射极放大电路,其等效的集电极电阻由 R_4、D_2、D_1、R_5、R_{10},以及 Q_1 和 Q_2 的发射结串并联组成,输入信号经 Q_3 放大后由 J_3 和 J_4 两节点输出,当 $R_{10}=0\Omega$ 时,Q_3 的集电极电阻为 R_4。

当 $R_{10}=0\Omega$ 时,J_3 和 J_4 短路成一个输出点,Q_3 虽然有一定的放大倍数,但输出阻抗较大,若加上低阻负载后放大倍数会有较大的下降。

为增加输出电流，降低输出阻抗，接入了 Q_1（NPN 型）和 Q_2（PNP 型）组成的互补对称（共集电极放大，即集电极接地或接电源端，由射极输出）功率放大电路。在输出正半周时，输出电流由 Q_1 放大 β 倍，在输出负半周时，输出电流（实际为流入电流）由 Q_2 放大 β 倍。

当 $R_{10}=0\Omega$，放大信号为正弦波时，虽然 $J_3(=J_4)$ 输出是完整的正弦波，但由于 Q_1 和 Q_2 的发射结（b、e 极间）各需 0.5V 以上的压降才能导通，所以 J_5 节点的波形在正负半周交接处会有不连续缺陷，这个缺陷称为互补对称功率放大器的交越失真。

为消除交越失真，在 J_4 和 J_3 间串接两个二极管和一个小电阻（R_5），当 R_{10} 较大时，即使没有信号放大，由于 Q_3 有静态 I_c 流经 D_1 和 D_2，所以 J_4 和 J_3 间会有一个略大于两个二极管正向压降的电压 V_D，该电压 V_D 可以使 Q_1 和 Q_2 在没有信号放大时就能得到微量的基极电流而处于微导通状态，J_5 点的电位为 J_4 和 J_3 点间的中点电位。

当 R_{10} 较大，有正弦波信号放大时，J_3 为正弦波，J_4 为比 J_3 高一个电压 V_D 的正弦波，而 J_5 始终为 J_4 和 J_3 间的中点电位，所以也是一个完整的正弦波，这样就消除了交越失真。

消除“交越失真”的关键是要让 Q_1 和 Q_2 在没有信号放大时就处于微导通状态，这样当有信号放大时便可以立刻进入电流放大状态，而不再需要克服发射结的起始导通电压。

这里使用二极管的正向压降产生 V_D 对 Q_1 和 Q_2 处于微导通状态有一定的温度补偿作用，因为温度的上升会使 Q_1、Q_2 的导通程度增大，导致没有信号放大时电流损耗增加，而另一方面温度上升也会使二极管的压降下降，即 V_D 下降，Q_1、Q_2 的导通程度下降，这样最终结果是 Q_1、Q_2 静态时的微导通状态基本不随温度变化。

实验时通过调节 R_{10} 可以观察到 J_5 的波形由明显的“交越失真”到完美的变化过程。

作为模拟放大电路的信号输出点，其静态电位应该为其动态范围的中点，所以 J_5 的静态电位应稳定在 4.5V。电路中 Q_3 的基极偏置来自 J_5（而不是电源电压），这样连接相当于引入了负反馈来稳定 J_5 的静态电位。由电路可见，若 J_5 的静态电位变高，Q_3 的偏置电流会随之变大，从而导致 Q_3 的 I_c 变大，所以 J_3 和 J_4 的电位都会下降，这一负反馈结果限制了 J_5 静态电位的不稳定变化。上述负反馈对交流放大并无太大影响，因为反馈回来的交流信号与输入信号并联，只要输入信号的电阻不太大，输入信号就基本不受反馈信号影响。

调整 R_8 可以改变 Q_3 偏置电流的大小，也即调整 J_5 的静态电位。

Q_1 和 Q_2 的 β 值分别决定了 J_5（或 J_6）节点的正半周和负半周输出阻抗，所以这两个三极管的 β 值应尽量相等，否则会导致正负半周的电流放大倍数不同而产生非线性失真。

J_6 节点的输出阻抗可以通过输入信号不变时，R_7 接入和不接入两个状态下 J_6 节点的信号输出的变化计算得到。

4.3.2 预习思考题

(1) 若电路正常工作，J_4 节点的电位约为多少？若 J_4 电位一直太低，无法调高，请列出所有的可能原因。

(2) 若 Q_1 的 c 极和 e 极接反，电路会是什么状态？

(3) 当 R_1 开路时，该电路的状态会发生什么变化？

4.3.3 实验内容及结果

(1) 在智能电子技术实验平台上，按电路图 4-1 排布焊接相应的元器件，R_8 和 R_{10} 均调至大约中间位置(这里的 R_{10} 必须处在 250Ω 左右或以下，如果 R_{10} 太大会导致 Q_1 和 Q_2 的静态电流过大而引发电源输出保护，即电源被拉低)。将电路检查通过后的实验板电路连接拍照保存。

(2) 请按照智能电子技术实验平台中的实验步骤进行调节实验板上的供电电源 $+V_{CC}$ 至 9V，并用数字万用表测量确认。如有问题，请按照智能电子技术实验平台中实验内容提示的排查原因，写出纠正过程。

(3) 用万用表直流电压挡测量 J_5 节点的电压，调节 R_8 使电压处于 4.5V。如有问题，请按照智能电子技术实验平台中实验内容提示的排查原因，写出纠正过程。

(4) 在 J_1 处接入信号发生器，调节信号发生器至正弦波输出有效值 0.15V，频率 500Hz，用示波器测量 J_1，确认输入信号符合要求，只要 J_1、J_2 和 Q_3 连接正确，设置的信号和测得的信号就基本相等。如有问题，请按照智能电子技术实验平台中实验内容提示的排查原因，写出纠正过程。请将电路输入端 J_1 的波形截图保存。

(5) 用示波器测量 J_5 的波形，是一个带有直流电平的正弦波，直流电压在 4.5V 左右，正弦波的交流电压有效值在 1.25V 左右 THD 值在 3%左右(THD 大于 4%时，可以把 R_{10} 调大，直至 THD 值在 3%左右，R_{10} 不能调得过大，以免静态电流过大而导致电源被拉低)。请将节点 J_5 的实验波形截图保存。如有问题，请按照智能电子技术实验平台中实验内容提示的排查原因，写出纠正过程。

(6) 电路保持以上状态，在智能电子技术实验平台软件中，按要求输入实验原理图节点和电路板焊点的对应关系，并截图保存。

(7) 在智能电子技术实验平台软件中，单击开启电路检查。如有问题，智能电子技术实验平台软件将提示哪个节点电压检测未通过，该节点电压参数超出上限还是下限，请按照检测结果提示并结合平台实验内容提示的排查原因，写出纠正过程。

(8) 电路检查通过后,请按照智能电子技术实验平台中的实验步骤进行实验,由示波器测得 J_2、J_3、J_4、J_5 和 J_6 节点的波形参数,并将节点 J_2、J_3、J_4、J_5、J_6 的实验波形分别截图保存。将节点电压参数输入平台软件,由计算机核实是否正确,并填入表 4-1。

表 4-1 节点 J_2、J_3、J_4、J_5 和 J_6 的电压参数

参数	J_2	J_3	J_4	J_5	J_6
交流电压有效值/V					
直流电压平均值/V					
频率/Hz					

(9) 请按照智能电子技术实验平台中的实验步骤进一步观察。

① 在前述状态下测得 J_6 在 R_7 连接和不连接两种状态下的交流有效值,用以计算该功率放大电路的输出阻抗,请写出由测量数据计算的结果。共射极放大电路输出阻抗的一般表达式是什么?

② 在前述状态下逐渐调小 R_{10},用示波器观察 J_5 的波形变化,拍摄并保存 R_{10} 较大(对应 THD 值约 3%)、较小和最小三个状态下的 J_5 波形,比较这三种状态的 THD 值。请将 R_{10} 较大时的 J_5 波形,R_{10} 较小时的 J_5 波形、R_{10} 最小时的 J_5 波形分别截图保存,比较 THD 数值并讨论。

③ 供电电压变成 6V,其他不变(调整 R_{10} 保持 THD 值最小),观察波形测量静态工作点(3V 处),观察到 J_5 节点的波形。请将 J_5 波形截图保存,讨论观察到的结果。

④ 恢复至步骤(7)时的状态,在信号发生器输出为 50mV、150mV 和 300mV 三种状态下测得 J_6 的交流有效值,分别计算三种状态下的电路放大倍数。请将输入 50mV、150mV、300mV 的 J_6 波形分别截图保存,比较讨论三种状态下的电路放大倍数和波形的 THD 值。

⑤ 恢复至步骤(7)时的状态,调整 R_8 到较大和较小值,用示波器观察 J_5 的波形。请将 R_8 调大后与 R_8 调小后的 J_5 波形,分别截图保存,根据前后变化结果分析。

(10) 教学建议中提及的本章教学安排的步骤 1 完成。

4.4 正负电源供电的模拟功率放大电路

4.4.1 电路图及工作原理

参考电路图 4-2,实验原理理解如下:

图 4-2 是典型的正负电源供电的模拟功率放大电路,和单电源供电电路相比,

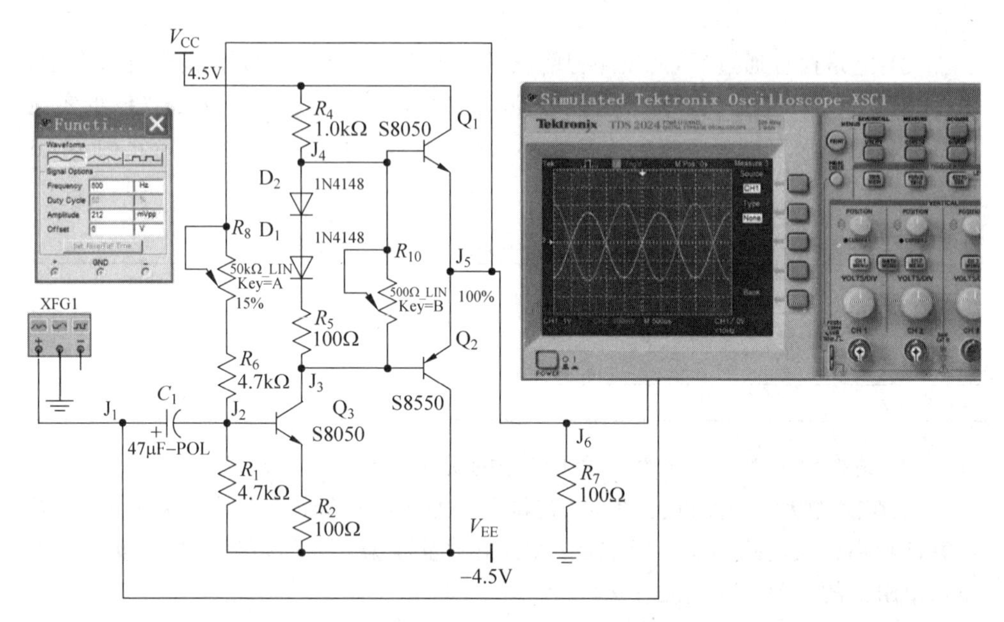

图 4-2 正负电源供电的模拟功率放大电路原理

该电路的改变有：①除了负载电阻 R_7，其他接地端均连接至负电源；②C_1 极性反向；③去除了输出隔直电解电容 C_3。

正负电源供电虽然多了一路负电源，但最大的好处是 J_5 的静态电位可以设置为零，这样无须电容隔直，J_5 点的输出就是纯交流信号，可以直接加至负载，因为通常功率放大器的负载(如扬声器等)不能通过直流电流，否则会损坏负载。

有隔直电容时，当信号频率较低，电容的容抗和负载 R_7 的分压会导致输出低频损失，虽然可以通过增加电容容量来减小低频损失，但大容量的电容等效串联电感也较大，又会导致输出高频损失，因此隔直电容的容量不能太大，所以正负电源供电的模拟功率放大电路的低频特性远优于单电源供电的电路。通常高质量的音响放大器均使用正负电源供电。

单电源和双电源供电电路的工作原理完全一样，双电源供电的正负电源幅值必须相等，输出点静态电位取为 0V，处于供电的中点，即动态范围的中点。

4.4.2 预习思考题

(1) 若电路正常工作，J_4 节点的电位约为多少？若 J_4 电位一直太高，无法调低，请列出所有的可能原因。

(2) 若 Q_3 的 c 极和 e 极接反，电路会是什么状态？

(3) 当 D_1 开路时，该电路的状态会发生什么变化？

4.4.3 实验内容及结果

(1) 在智能电子技术实验平台上，按电路图4-2排布焊接相应的元器件，在教学建议中提及的本章教学安排的步骤1(见4.3节)电路的基础上修改连接电路，原来R_1、R_2和Q_2的集电极连接于地，现改接至负电源，将C_1反向，C_3短路，调节R_{10}至较小值。将电路检查通过后的实验板电路连接拍照保存。

(2) 请按照智能电子技术实验平台中的实验步骤调节实验板上的供电电源$+V_{CC}$至4.5V，$-V_{CC}$至-4.5V，并用数字万用表测量确认。如有问题，请按照智能电子技术实验平台中实验内容提示的排查原因，写出纠正过程。

(3) 用万用表直流电压挡测量J_5节点的电压，调节R_8使电压处于0V。如有问题，请按照智能电子技术实验平台中实验内容提示的排查原因，写出纠正过程。

(4) 在J_1处接入信号发生器，调节信号发生器至正弦波输出有效值0.15V，频率为500Hz，用示波器测量J_1，确认输入信号符合要求(只要J_1、J_2和Q_3连接正确，设置的信号和测得的信号就一定相等)。请将电路输入端波形截图保存。如有问题，请按照智能电子技术实验平台中实验内容提示的排查原因，写出纠正过程。

(5) 用示波器测量J_5的波形，直流电压-0.02V左右，交流电压有效值在1.25V左右，调节R_{10}至THD值在3%左右，然后检查正负电源是否正常，若被拉低，可适当调小R_{10}，但THD值不能大于4%；由于Q_3信号放大的非线性，输出正弦波的正半周略小于负半周，所以若J_5的静态电位设置在0V，则有信号输出时直流电压会小于0V。请将节点J_5实验波形截图保存。如有问题，请按照智能电子技术实验平台中实验内容提示的排查原因，写出纠正过程。

(6) 电路保持以上状态，在智能电子技术实验平台软件中，按要求输入实验原理图节点和电路板焊点的对应关系，并截图保存。

(7) 在智能电子技术实验平台软件中，单击开启电路检查。如有问题，智能电子技术实验平台软件将提示哪个节点电压检测未通过，该节点电压参数超出上限还是下限，请按照检测结果提示并结合平台实验内容提示的排查原因，写出纠正过程。

(8) 电路检查通过后，请按照智能电子技术实验平台中的实验步骤进行实验。用示波器测得J_1和J_5节点的波形参数，填入表4-2。将节点电压参数输入平台软件，电压波形参数或电压参数都可以由计算机核实是否正确。

表4-2　节点J_1和J_5的电压参数

参　数	J_1	J_5
交流电压有效值/V		
直流电压平均值/V		
频率/Hz		

(9) 请按照智能电子技术实验平台中的实验步骤进一步观察。

① 把 R_{10} 调至 150Ω 左右，则供电电压变成+9V 和-9V，在 Q_1 集电极上串联一个 5.1Ω 或 10Ω 电阻，其他不变，观察 J_5 的静态工作点是否偏离了原来设置的 0V，请记录偏离量并讨论偏离的原因。

② 调整 R_8，使 J_5 的静态工作点回到 0V，然后用示波器观察 J_5，同时用万用表 600mV 挡测量 Q_1 集电极串联电阻两端的电压(该电压直接反映了 Q_1 的电流)，请调整 R_{10}，观察波形和 Q_1 上的电流变化，记录波形变化和电流变化的对应关系，由实验现象应该可以看到，当流过 Q_1 的电流开始明显上升前，“交越失真”刚好消失，而当 R_{10} 继续增大时，波形并无明显变化，但流过 Q_1 的电流明显变大，也即无功损耗变大；所以 R_{10} 的取值应正好使“交越失真”消失，同时使损耗电流最小。当然，静态电流越大，上下波形的连接越完美，THD 值也越小。请将 R_{10} 较小有“交越失真”时的 J_5 的波形，“交越失真”刚消失时的 J_5 的波形，R_{10} 较大、电流约 100mA 时的 J_5 的波形，分别截图保存，并将 Q_1 静态电流填入表 4-3，比较并讨论 THD 值。

表 4-3 Q_1 集电极静态电流

参　数	R_{10} 较小有“交越失真”时	“交越失真”刚消失时
Q_1 静态电流		

(10) 教学建议中提及的本章教学安排的步骤 2 完成。

(11) 本实验可讨论的问题和建议。

第5章

正弦波发生器电路

5.1 实验目的和要求

本实验电路用运放组成主放大器，用 *RC* 串并联带通网络实现选频，选频后的信号经正反馈放大，在环路放大倍数大于等于 1 时，电路即可输出所选频率的正弦波。

正弦波发生器电路的三要素是：选频、正反馈环路放大倍数和限幅。其中限幅有多种方式，本实验使用相对简单的二极管限幅，实验中将研究二极管限幅的范围、限幅对失真的影响和温度对限幅的影响。

RC 正弦波发生电路通常用于产生音频范围（低频）的正弦波，其产生的正弦波畸变失真小；而频率更高的正弦波通常用 *LC* 谐振电路产生，*LC* 谐振电路选频范围窄（*Q* 值高），效率高。*LC* 谐振不适用于低频电路是因为低频下会使 *LC* 变得很大，效率低下。

5.2 预习要求

（1）焊接实验前，先用 Multisim 软件将实验内容仿真一遍，完成并上传预习报告。

（2）请充分理解电路原理，完成仿真预习，再进行焊接实验。

5.3 *RC* 正弦波振荡电路

5.3.1 电路图及工作原理

参考电路图 5-1，实验原理理解如下：

把 R_7、R_8、D_1 和 D_2 看成是一个电阻 R_f，$R_f=R_7+R_8/\!/(D_1D_2)$，其中(D_1D_2)是反向并联的二极管，其上的电压降小于一定值（约 0.5V）时处于截止状态，相当于(D_1D_2)的等效电阻无限大，压降大于这一值后(D_1D_2)的等效电阻随压降的变大

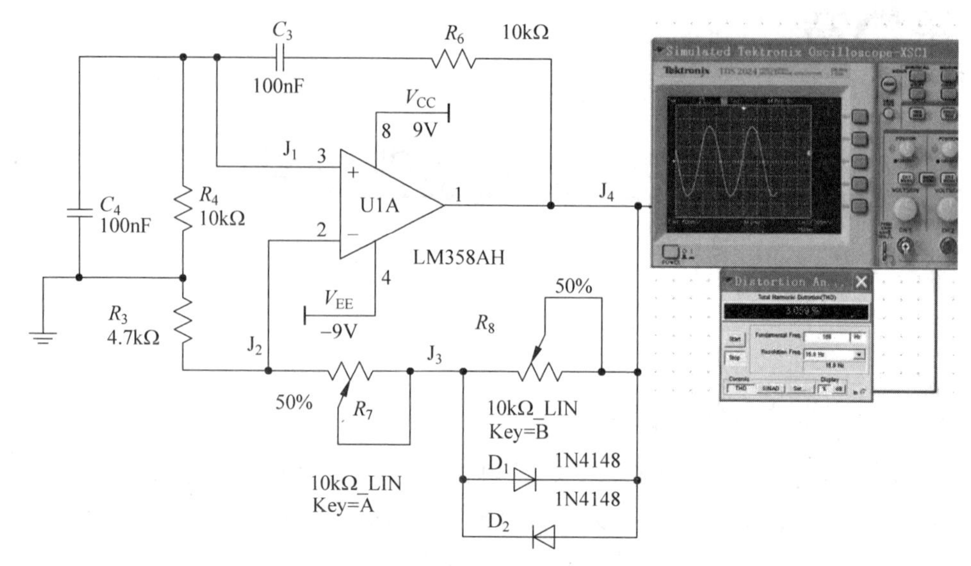

图 5-1 RC 正弦波振荡电路原理

迅速下降，所以 R_f 最大为 R_7+R_8，且不小于 R_7。

由 U1A、R_3 和 R_f 组成负反馈放大器，J_1 为输入端，J_4 为输出端，$A_v=(R_3+R_f)/R_3$。

由 R_6、C_3、R_4 和 C_4 组成 RC 串并联带通选频电路，信号由 J_4 输入，经此选频电路后由 J_1 输出，信号在 $f_0=1/(2\pi RC)$ 决定的频率处通过率最大，这一最大通过率为 1/3，且在 f_0 处信号输入输出的相移为零，在其他频率上信号通过后都有一定的相移。

由电路可见，只要放大电路把 J_1 的信号放大 3 倍以上后到达 J_4，频率为 f_0 的信号就能在电路中不断增强，待 f_0 正弦波达到一定幅度后，再把放大倍数降至 3，f_0 的正弦波就能在电路中稳定存在，而其他频率的信号由于环路放大倍数小于 1 被抑制。

为了起振生成正弦波，放大器开始时的放大倍数须大于 3，波形达到一定幅度后需要让放大器放大倍数降至 3；为实现这一要求，电路利用了二极管正向压降可以控制其等效电阻的特性，其控制原理为：当 J_4 无信号时 R_8 上无压降，(D_1D_2)截止，$R_f=R_7+R_8$，只要此时 R_f 略大于 $2\times R_3$，电路就能起振，生成 f_0 的正弦波；当信号幅度增加后，R_8 上的压降变大，到一定程度(D_1D_2)后就会趋于导通，使 R_f 的实际电阻下降，直至 A_v 下降至 3。

在上述过程中，R_7/R_8 的大小决定了输出信号幅度的大小，R_7/R_8 越大，R_8 上的分压降越小，所以需要更大的输出信号幅度二极管才能起作用，也即 R_7/R_8 越大，输出幅度越大。

由于正弦波信号是一个电压幅度在不断变化的信号，所以二极管起作用的部分仅仅在信号的峰值部分，这样峰值部分的放大倍数会与其他部分不同，因此会引起一定的失真畸变，但只要 R_7+R_8 在保证起振的条件下尽量接近于 $2\times R_3$，这种失真就能足够小。

由于二极管的开启电压会受温度影响，所以当 R_7/R_8 固定后，温度会对信号的输出幅度有影响，温度越高，输出幅度越小。

当 R_7/R_8 决定的输出幅度大于 U1A 的输出摆幅时，输出正弦波就会发生削波失真，由于 U1A 为单电源和双电源通用运放，其负端摆幅可以达到负电源，而正端摆幅为正电源减去 1.5V，一般应用的输出峰值应限制在比电源电压小 2V。

5.3.2 预习思考题

(1) 当电路连接正常时，供电后，若还没起振，J_1、J_2、J_4 节点的电位应各为多少？起振后又各为多少？

(2) 若无法调节起振，检查后发现 J_1 和 J_2 之间有压差，请列出导致这一现象的所有可能原因。

(3) 当 C_3 开路时，此时 J_4 的电位为多少？

5.3.3 实验内容及结果

(1) 在智能电子技术实验平台上，按电路图 5-1 排布焊接相应的元器件。将电路检查通过后的实验板电路连接拍照保存。

(2) 请按照智能电子技术实验平台中的实验步骤，调节实验板上的供电电源 $+V_{CC}$ 至 9V，$-V_{CC}$ 至 -9V，并用数字万用表测量确认。如有问题，请按照智能电子技术实验平台中实验内容提示的排查原因，写出纠正过程。

(3) 用示波器观察 J_4，调节 R_7 和 R_8 至阻值为零，此时无波形输出，用万用表直流挡测 J_1、J_2 和 J_4，这三点的电位都应该为零。如有问题，请按照智能电子技术实验平台中实验内容提示的排查原因，写出纠正过程。

(4) 将电阻 R_7 调至中间(约 5kΩ)，电阻 R_8 调至中间，用示波器观察 J_4，如无波形则慢慢调大 R_8，直至电路刚好起振；如已有波形，则调小 R_8，使电路停振，然后略微调大 R_8，直至电路刚好起振。请将 J_4 起振波形图截图保存，这样调节得到的正弦波谐波失真最小。如有问题，请按照智能电子技术实验平台中实验内容提示的排查原因，写出纠正过程。

(5) 用示波器读出经步骤(4)调整后的正弦波参数，THD 值应小于 2.5%，否则按步骤(4)重新调整；电压有效值需要调整至 4V，如小于 4V，则调大 R_7 至 4V 略大(反之，则调小 R_7 至 4V 略小)，然后按步骤(4)调至波形失真最小，同时使输出波形有效值等于4V。由于按步骤(4)调整至波形失真最小时也会改变输出幅度，所以步骤(4)和步骤(5)需反复多次调整才能达到要求的输出幅度，同时谐波失真最小，由于可变电阻的调节精度限制，要求THD值小于2.5%，即4V±0.2V。根据原理，调整中应理解：首先，谐波失真THD值最小时，R_7+R_8约等于$2\times R_3$，其次输出幅度大小和R_7/R_8成正比，最终将J_4波形调整到位。请将要求输出的节点J_4的实验波形截图保存。如有问题，请按照智能电子技术实验平台中实验内容提示的排查原因，写出纠正过程。

(6) 电路保持以上状态，在智能电子技术实验平台软件中，按要求输入实验原理图节点和电路板焊点的对应关系，并截图保存。

(7) 在智能电子技术实验平台软件中，单击开启电路检查。如有问题，智能电子技术实验平台软件将提示哪个节点电压检测未通过，该节点电压参数超出上限还是下限，请按照检测结果提示并结合平台实验内容提示的排查原因，写出纠正过程。

(8) 电路检查通过后，请按照智能电子技术实验平台中的实验步骤进行实验。用示波器测得J_1、J_2和J_4节点的波形参数，填入表5-1。将节点电压参数输入平台软件中，由计算机核实是否正确。

表5-1 节点J_1、J_2和J_4的电压参数

参数	J_1	J_2	J_4
交流电压有效值/V			
直流电压平均值/V			
频率/Hz			

(9) 请按照智能电子技术实验平台中的实验步骤进一步观察。

① 在前述状态下R_7保持不变，R_8逐渐调至最大，可以看到波形幅度有效值大约增至4.8V，但谐波失真变大。请将R_8变大时的J_4波形截图保存。

② R_8调回原来值(谐波失真的最小状态)，R_7逐渐调大至最大，可以看到波形幅度最大到上下削波失真，但上面先于下面发生削波失真，这说明正摆幅比负摆幅要小，请将最大J_4波形、单正峰削波时的J_4波形、上下削波时的J_4波形分别截图保存。

③ 调整R_7和R_8，使输出的正弦波幅度最大，谐波失真最小(当然同时也无削波失真)，这一调整需反复多次才能获得谐波最小、输出幅度最大的波形。请将调整到位的THD最小且幅度最大时的J_4波形截图保存。

④ 调整R_7为约1kΩ位置(到底略返回)，按步骤(4)调节R_8至波形失真最小。请将R_7=1kΩ、失真最小时的J_4波形截图保存。用电烙铁靠近D_1和D_2，将电烙铁加热8s，观察波形和数据变化，讨论温度变化前后波形和数据变化的原因。请将D_1、D_2高温时的J_4波形截图保存。

⑤ 用示波器读取波形频率，用电烙铁对 C_4 电容略微加温，观察到波形和频率的变化，填入表 5-2。请根据实验现象分析原因。

表 5-2　J_4 的电压参数

参　数	J_4
加温前的频率/Hz	
加温后的频率/Hz	

（10）本实验可讨论的问题和建议。

第6章

三角波发生器电路

6.1 实验目的和要求

本实验电路通过模拟集成放大器实现恒流积分来获得随时间线性变化的电压信号，通过双门限比较器实现积分电压的翻转而产生三角波，通过控制正反相积分的时间可以获得不等腰三角波。

通过本实验可以熟悉和深入理解电子电路中的 2 个基本电路：双门限比较器电路和积分电路。

6.2 预习要求

(1) 焊接实验前，先用 Multisim 软件将实验内容仿真一遍，完成并上传预习报告。

(2) 请充分理解电路原理，完成仿真预习，再进行焊接实验。

6.3 基于集成运放的三角波发生器电路

6.3.1 电路图及工作原理

参考电路图 6-1，实验原理理解如下：

A1A 组成双门限比较器，其通过 R_8 引入正反馈，所以 J_2 只可能处于 2 种状态，即正饱和 V_{1+} 和负饱和 V_{1-}；当 J_2 的电位 $V_1=V_{1+}$ 时，A1A 的 3 脚电位$V_3>$ 2 脚电位 V_2，此时只要 J_3 的电压(输入至 R_9 的)$V_7>-V_{1+}\cdot R_9/R_8$，V_1 就能保持 V_{1+}；在 $V_7<-V_1\cdot R_9/R_8$ 后，$V_1=V_{1-}$，此时只要 $V_7<-V_{1-}\cdot R_9/R_8$，V_1 就能保持 V_{1-}。

$V_1=V_{1+}$ 时，只有 $V_7<-V_{1+}\cdot R_9/R_8$ 才能使输出翻转至 V_{1-}；

$V_1=V_{1-}$ 时，只有 $V_7>-V_{1-}\cdot R_9/R_8$ 才能使输出翻转至 V_{1+}。

这就是双门限比较的结果。

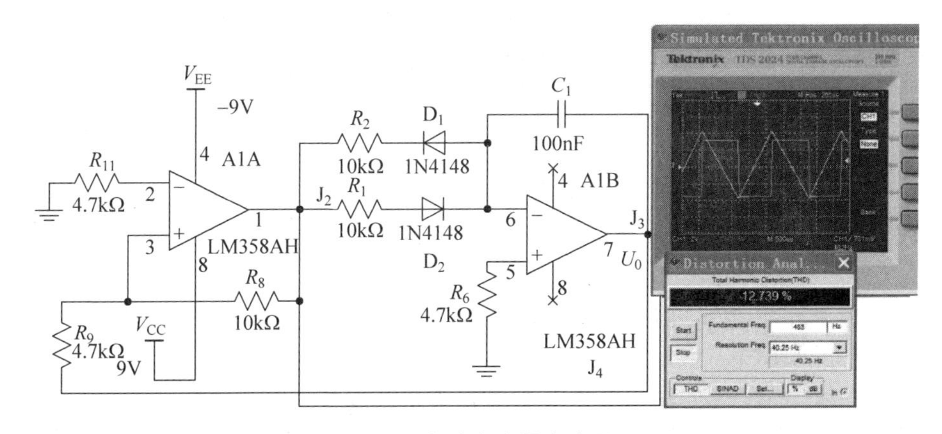

图 6-1　三角波发生器电路原理

A1B组成积分电路，流经 R_2 或 R_1 的电流在 C_1 上积累电荷，当 J_3 节点的电压 $V_7(U_0)$ 未达到饱和时，6 脚的电压 $V_6=0$（模拟集成放大器虚短原理，即只要输出未饱和，两输入端就相等）。因此有：

当节点 J_2 的电压等于 V_{1+} 时，电流流经 R_1 和 D_2，向右恒流流经 C_1 积分电荷，V_7 线性下降，在 $V_7<-V_{1+}\cdot R_9/R_8$ 后，J_2 翻转至 V_{1-}；

当节点 J_2 的电压等于 V_{1-} 时，电流流经 D_1 和 R_2，向左恒流流经 C_1 积分电荷，V_7 线性上升，在 $V_7>-V_{1-}\cdot R_9/R_8$ 后，J_2 翻转至 V_{1+}；

重复上述操作，U_0 输出三角波。

由于集成模拟放大器 LM358 的 V_{1+} 约为 $V_{CC}-1.5V$，而 V_{1-} 可接近 $V_{EE}(-9V)$，所以当 $R_2=R_1$ 时，三角波的上升线比下降线要快，即三角波并不等腰，要使三角波等腰就必须调大 R_2 或调小 R_1。

三角波的输出幅度主要由 R_8 和 R_9 决定，输出频率主要由 R_1、R_2 和 C_1 决定，R_8 和 R_9 及 D_1 和 D_2 的正向压降对频率也有一定的影响。

6.3.2　预习思考题

(1) 若电路正常工作，D_1 正极的电位约为多少？

(2) 若电路无法产生三角波，经检查 R_9 和 R_8 连接点的电位不为零，请列出导致该结果所有可能的原因。

(3) 当 R_1 开路时，该电路的状态会发生什么变化？

6.3.3　实验内容及结果

(1) 在智能电子技术实验平台上，按电路图 6-1 排布焊接相应的元器件。将电路检查通过后的实验板电路连接拍照保存。

(2) 请按照智能电子技术实验平台中的实验步骤调节实验板上的供电电源

$+V_{CC}$ 至 9V，$-V_{CC}$ 至 -9V，用数字万用表测量确认。如有问题，请按照智能电子技术实验平台中实验内容提示的排查原因，写出纠正过程。

(3) 用示波器观察 J_3，得到如图 6-1 所示的三角波，观察 J_2。请将节点 J_3、J_2 的实验波形分别截图保存。如有问题，请按照智能电子技术实验平台中实验内容提示的排查原因，写出纠正过程。

(4) 截图 J_3 的参数，读出有效值和 THD 值；而 C_1 由于容量误差较大，标准频率 $f=482$Hz，请确定实际频率，用电烙铁靠近 C_1 时，温度对 C_1 容量的影响很大，可以看到频率变化也很大，确定加热后的频率及频率变化率，并将数值填入表 6-1，并讨论原因。

表 6-1　节点 J_3 的电压参数

参　数	J_3
交流电压有效值/V	
THD 值	
实际频率/Hz	
频率变化率	

(5) 电路保持以上状态，在智能电子技术实验平台软件中，按要求输入实验原理图节点和电路板焊点的对应关系，并截图保存。

(6) 在智能电子技术实验平台软件中，单击开启电路检查。如有问题，智能电子技术实验平台软件将提示哪个节点电压检测未通过，该节点电压参数超出上限还是下限，请按照检测结果提示并结合平台实验内容提示的排查原因，写出纠正过程。

(7) 电路检查通过后，请按照智能电子技术实验平台中的实验步骤实验。用示波器测得 J_2 和 J_3 点的波形参数，填入表 6-2。将节点电压参数输入平台软件中，由计算机核实是否正确。

表 6-2　节点 J_2 和 J_3 的电压参数

参　数	J_2	J_3
交流电压有效值/V		
频率/Hz		

(8) 请按照智能电子技术实验平台中的实验步骤进一步观察。

① 在前述状态下将 R_1 改为 1kΩ，其他不变，请将节点 J_3 的实验波形截图保存。

② 在前述状态下将 R_2 改为 1kΩ，其他不变，请将节点 J_3 的实验波形截图保存，并讨论波形变化的原因和幅度不变的原因。

③ 在前述状态下将 R_9 改为 1kΩ，其他不变，请将节点 J_3 的实验波形截图保存，并讨论波形不变的原因和幅度变化的原因。

(9) 本实验可讨论的问题和建议。

第7章

精密整流电路

7.1 实验目的和要求

本实验电路是为了实现对输入信号的整流，即将交流信号通过整流使其变为等幅正信号输出。

精密整流是一种信号整流，有别于二极管整流。精密整流的输出来自信号放大器，所以其输出负载能力取决于放大器的输出能力，其输出功率来自电源供电，与被整流的信号源无关；而二极管整流时信号源通过二极管直接输出，输出的负载功率直接来自信号源。精密整流的特点就是对信号源的无畸变整流，信号幅度不管多小都可以进行整流，由于二极管有正向压降，幅度小于二极管正向压降的信号将无法通过，故二极管只能整流大幅度信号。所以精密整流通常用于信号测量，二极管整流通常用于交流变直流的功率电源电路。

精密整流电路的主要电路形式有 10 种，本实验采用的是最典型且实用的 2 种电路，其获得的整流效果相同，但输入阻抗不同：教学建议中提及的本章教学安排的步骤 1 为经典精密整流电路，其输入阻抗取决于所使用的输入电阻，在电路的输入端和信号发生器之间串联电阻的方法可以测定输入阻抗；教学建议中提及的本章教学安排的步骤 2 为高输入阻抗精密整流电路，其输入阻抗取决于模拟放大器的性能，本实验电路在 100MΩ 以上。

7.2 预习要求

(1) 焊接实验前，先用 Multisim 软件将实验内容仿真一遍，完成并上传预习报告。

(2) 请充分理解电路原理，完成仿真预习，再进行焊接实验。

7.3 经典精密整流电路

7.3.1 电路图及工作原理

参考电路图 7-1，实验原理理解如下：

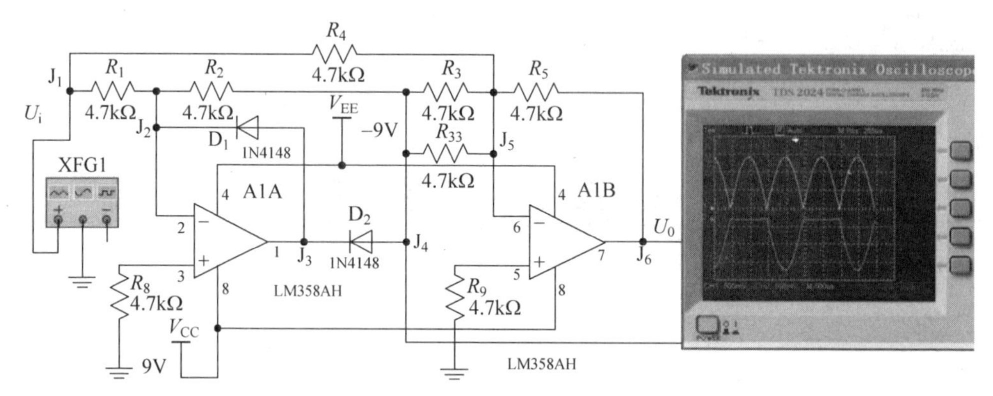

图 7-1 经典精密整流电路原理

(1) A1A 组成正电压反向器，由 J_1 输入，J_4 输出：

当 U_i 为正电压时，R_1、R_2 中的电流相等，均由左向右(因为虚短，A1A 输入端为 0 电位，且 A1A 输入端电流为零)，D_2 中有电流(因为 A1A 要维持虚短，其输出端会通过 D_2 把 J_4 端下拉至 $-U_i$)，所以 A1A 输出为负，D_1 无电流。

D_2 正端电位：$V_{D2(+)}=-R_2\cdot U_i/R_1$，$R_1=R_2$ 时，$V_{D2(+)}=-U_i$；当 U_i 为负电压时，D_1 导通，D_2 截止(因为 R_2 中不会有由右向左的电流流过)，所以 $V_{D2(+)}=0$。

(2) A1B 组成反向加法器：

$U_i/R_4+V_{D2(+)}/R_3+U_0/R_5=0$，$U_0=-U_i\cdot R_5/R_4-V_{D2(+)}\cdot R_5/R_3$，令 $R_5=R_4=2\times R_3$，U_i 为正时：$U_0=-U_i+2U_i=U_i$；

U_i 为负时：$U_0=-U_i+0=-U_i$。

这就是整流结果。

注意：以上 R_3 即是图 7-1 中的 $R_3/\!/R_{33}$。

7.3.2 预习思考题

(1) 若电路正常工作，则 J_2 和 J_5 始终是 0V，为什么能始终保持 0V?

(2) 请讨论 R_4 变大或变小时 J_6 输出会有什么变化，请模拟观察并理论分析。

(3) 若 D_1 和 D_2 同时反接，输出会有什么变化?

(4) 当测量到 J_5 不为 0 时，请列举所有可能的原因。

7.3.3 实验内容及结果

(1) 在智能电子技术实验平台上，按电路图 7-1 排布焊接相应的元器件。将电路检查通过后的实验板电路连接拍照保存。

(2) 请按照智能电子技术实验平台中的实验步骤调节实验板上的供电电源 $+V_{CC}$ 至 9V，$-V_{CC}$ 至 -9V，并用数字万用表测量确认。如有问题，请按照智能电子技术实验平台中实验内容提示的排查原因,写出纠正过程。

(3) 把信号发生器输出接至电路输入端,并调至500Hz,选择正弦波输出,调节输出幅度有效值 $V_s=1V$,同时用示波器观察电路输入端波形、有效值和频率,并将电路输入端波形截图保存。如有问题,请按照智能电子技术实验平台中实验内容提示的排查原因,写出纠正过程。

(4) 用示波器观察电路节点 J_4,其是正弦波的负半周(负的半波整流),最大值是0V,最小值在−1.414V左右。请将节点 J_4 的实验波形截图保存。如有问题,请按照智能电子技术实验平台中实验内容提示的排查原因,写出纠正过程。

(5) 用示波器观察电路节点 J_6,其是正弦波的负半周翻成正半周(全波整流结果,由于电阻和模拟放大器的误差,间隔半波的大小有明显误差,波形显示也有点不稳定,这是正常现象),每个半波的最大值在1.414V左右,最小值是0V。请将节点 J_6 的实验波形截图保存。如有问题,请按照智能电子技术实验平台中实验内容提示的排查原因,写出纠正过程。

(6) 电路保持以上状态,在智能电子技术实验平台软件中,按要求输入实验原理图节点和电路板焊点的对应关系,并截图保存。

(7) 在智能电子技术实验平台软件中,单击开启电路检查。如有问题,智能电子技术实验平台软件将提示哪个节点电压检测未通过,该节点电压参数超出上限还是下限,请按照检测结果提示并结合平台实验内容提示的排查原因,写出纠正过程。

(8) 电路检查通过后,请按照智能电子技术实验平台中的实验步骤进行实验。用示波器测得 J_1、J_3、J_4 和 J_6 节点的波形参数,填入表7-1。请将节点 J_3 的实验波形截图保存,并将节点电压参数输入平台软件中,由计算机核实是否正确。

表7-1 节点 J_1、J_3、J_4 和 J_6 的电压参数

参　数	J_1	J_3	J_4	J_6
交流电压有效值/V				
直流电压平均值/V				

(9) 请按照智能电子技术实验平台中的实验步骤进一步观察。

① 比较已得到的节点 J_1、J_3、J_4、J_6 的波形图(调节示波器至显示约3个周期波),观察这4个波形的频率,THD(总谐波失真,就是和标准正弦波的差距,最小0,最大100),波形幅度的最大值和最小值,从原理上说明差别的原因。

② 调节信号发生器的频率至2kHz,调节示波器至显示周期波数最少(拉杆标至最上端),观测到 J_6 波形;调节信号发生器的频率至200Hz,调节示波器至显示约3个周期波,观测到 J_6 波形。请将2kHz时的 J_6 波形和200Hz时的 J_6 波形分别截图保存。

比较200Hz、500Hz和2kHz时的输出波形,可以看到有显著差别,请讨论这种差别的原因。

③ 本电路的输入阻抗理论值是 $R_1 /\!/ R_4$，在电路输入端和信号发生器之间串联一个 4.7kΩ 的电阻，该电阻 R_0 实测是多少？测量得到电阻 R_0 两端对地的信号有效值 V_{zuo} 和 V_{you}，测得内阻 $R_i = R_0 \cdot V_{you}/(V_{zuo} - V_{you})$。比较测量值和理论值，若有误差，请讨论原因。

(10) 用万用表直流电压挡测得的是电压平均值，交流电压挡测得的是已减去直流分量的交流有效值。示波器上也仅给出交流有效值。一般测试设备只给出交流有效值，但 Multisim 模拟软件中的电压探针给出的 RMS 值(有效值)为含直流的有效值。有效值的定义是：在一个周期内对该值的二次方积分，然后除以积分域后开方；交流有效值的定义是：在一个周期内对该值求平均值，用该值减去其平均值得到一交流分量，在一个周期内对该交流分量的二次方积分，然后除以积分域后开方。

(11) 理论推导 J_3、J_4 和 J_6 的有效值，交流有效值和直流电压值的表达式(直流值即为平均值，有效值即为方均根值，交流有效值即为值减去平均值后的方均根值)。请写出推导过程。与实际测得值比较并讨论(含直流的有效值由模拟软件中的电压探针获得)。

(12) 从精密整流的结果看，间隔的整流半波有一定的误差，这一误差除了来自电阻的略微误差外，主要是集成模拟放大器的误差，在电路中若把 R_9 和 R_8 都短路则会增加集成模拟放大器的放大误差，这是因为模拟放大器实际的输入偏置电流并不为零，R_9 和 R_8 是为了平衡输入偏置电流，减小放大误差而设置的。

观察到在 500Hz 输入信号时 R_9 和 R_8 短路前后整流的结果后，请将 R_8 和 R_9 存在时的 J_6 波形及 R_8 和 R_9 短路时的 J_6 波形分别截图保存。请根据实验现象讨论。

(13) 教学建议中提及的本章教学安排的步骤 1 完成。

7.4 高输入阻抗型精密整流电路

7.4.1 电路图及工作原理

参考电路图 7-2，实验原理理解如下：

(1) U1A 组成正电压放大倍数为 1、负电压放大倍数为 2 的电压放大器，J_1 输入，J_3 输出：

当 U_i 为正电压时，由于虚短，$J_2 = J_4 = U_i$，R_1 中的电流由 J_2 流入地，此电流只能来自 D_1，不可能来自 R_2，因为 J_4 和 J_2 同电位，D_2 中没有反向电流。所以 D_1 导通，J_5 电位大于同电位的 J_2、J_3、J_4，D_2 反偏截止，所以 $U_{j3} = U_i$；

当 U_i 为负电压时，R_1 中的电流由地流向 J_2，此电流只能流经 R_2，U1A 的输出 J_5 为负，D_2 导通，$U_{j3} = 2U_{j2} = 2U_i$。

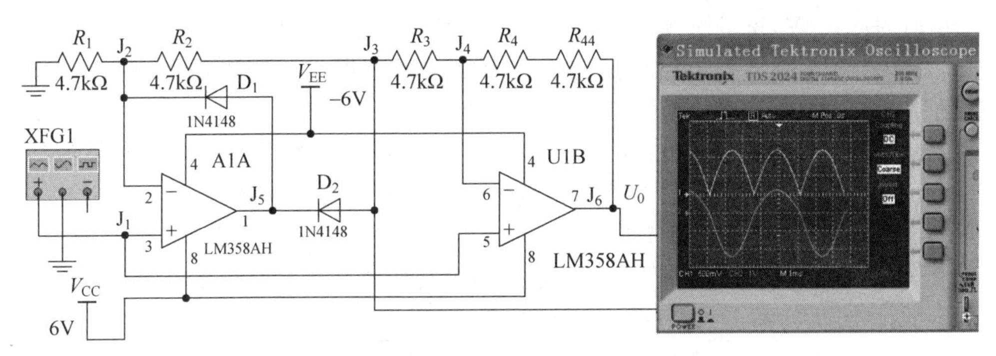

图 7-2 高输入阻抗型精密整流电路原理

(2) U1B 组成减法器：

$U_i=U_{j4}=[U_0R_3+U_{j3}(R_4+R_{44})]/(R_3+R_4+R_{44})$，令 $R_3=R_4=R_{44}$，$U_0=3U_i-2U_{j3}$

当 U_i 为正时：$U_0=3U_i-2U_i=U_i$；

当 U_i 为负时：$U_0=3U_i-4U_i=-U_i$。

这就是整流结果。

7.4.2 预习思考题

(1) 若电路正常工作，J_2 和 J_4 2 个节点为什么能和输入信号 J_1 始终保持相等？

(2) 请讨论 R_3 变大或变小时 J_6 输出会有什么变化？请模拟观察，并进行理论分析。

(3) 若 D_1 和 D_2 同时反接，输出会有什么变化？

(4) 当测量到 J_4 的波形和 J_1 的不同时，请列举所有可能的原因。

7.4.3 实验内容及结果

(1) 在智能电子技术实验平台上，按电路图 7-2 排布焊接相应的元器件。将电路检查通过后的实验板电路连接拍照保存。

(2) 请按照智能电子技术实验平台中的实验步骤，调节实验板上的供电电源 $+V_{CC}$ 至 6V，$-V_{CC}$ 至 -6V，并用数字万用表测量确认。如有问题，请按照智能电子技术实验平台中实验内容提示的排查原因，写出纠正过程。

(3) 把信号发生器输出接至电路输入端，把信号发生器调至 200Hz，选择正弦波输出，调节输出幅度有效值 V_s 为 0.85V，同时用示波器观察电路输入端波形、有效值和频率，并将电路输入端波形截图保存。如有问题，请按照智能电子技术实验平台中实验内容提示的排查原因，写出纠正过程。

(4) 用示波器观察电路节点 J_3，其应该是正负半周幅度不同的正弦波，负半周最小值为−2.4V,正半周最大值为1.2V。请将节点J_3的实验波形截图保存。如有问题,请按照智能电子技术实验平台中实验内容提示的排查原因,写出纠正过程。

(5) 用示波器观察电路节点J_6,其是正弦波的负半周翻成正半周(全波整流结果,由于电阻和模拟放大器的误差,间隔半波的大小有明显误差,波形显示也有点不稳定,这是正常现象),每个半波的最大值是1.2V左右,最小值是0V。请将节点J_6的实验波形截图保存。如有问题,请按照智能电子技术实验平台中实验内容提示的排查原因,写出纠正过程。

(6) 电路保持以上状态,在智能电子技术实验平台软件中,按要求输入实验原理图节点和电路板焊点的对应关系,并截图保存。

(7) 在智能电子技术实验平台软件中,单击开启电路检查。如有问题,智能电子技术实验平台软件将提示哪个节点电压检测未通过,该节点电压参数超出上限还是下限,请按照检测结果提示并结合平台实验内容提示的排查原因,写出纠正过程。

(8) 电路检查通过后,请按照智能电子技术实验平台中的实验步骤进行实验。用示波器测得J_1、J_3、J_5和J_6节点的波形参数,填入表7-2。请将节点J_5的实验波形截图保存,并将节点电压参数输入平台软件中,由计算机核实是否正确。

表7-2 节点J_1、J_3、J_5和J_6的电压参数

参　　数	J_1	J_3	J_5	J_6
交流电压有效值/V				
直流电压平均值/V				

(9) 请按照智能电子技术实验平台中的实验步骤进一步观察。

① 比较已得到的节点J_1、J_3、J_5、J_6的波形图(调节示波器至显示约3个周期波),观察这4个波形的频率,THD%(总谐波失真,就是和标准正弦波的差距,最小0,最大100),波形幅度的最大值和最小值,从原理上说明差别的原因。

② 本电路的输入阻抗理论值是趋于极大。在电路输入端和信号发生器之间串联一个4.7kΩ电阻,测量电阻两端对地信号的有效值V_{zuo}和V_{you},填入表7-3。请观察数据并讨论。

表7-3 电压参数

参　　数	V_{zuo}	V_{you}
交流电压有效值/V		

(10) 教学建议中提及的本章教学安排的步骤2完成。

(11) 本实验可讨论的问题和建议。

第8章

模拟稳压电源电路

8.1 实验目的和要求

本实验是研究如何对来自变压器的交流电源实现整流、滤波、稳压，最后输出稳定的直流电压的，实验将详细研究整个过程的特性。

通常电子电路的工作电源都是直流低压，便携式电器通常用电池供电，而一般电器是由220V交流供电，其中的电路供电必须由220V交流电经隔离变换成稳定的低压直流电提供。由高压交流电隔离变换成稳定的低压直流电主要有2种方式：一种是开关方式，另一种是模拟方式。开关方式变换效率高，但变换后输出的直流噪音大；模拟方式变换电能损耗大，但变换后输出的直流性能完美。

本实验研究的是模拟稳压。模拟稳压的实验过程是：

(1) 220V、50Hz交流电经变压器隔离降压获得对人体安全的交流低压(用电路输出模拟变压器输出，产生幅度可调节的交流低压，以便研究滤波电路的滤波特性)。

(2) 经二极管整流，获得一个波动的直流电压，此电压就是把交流正弦波的负半周翻成正半周(全波整流)，或去除负半周(半波整流)。

(3) 研究正弦波、全波、半波的参数特性。

(4) 整流后加接滤波电解电容，研究不同负载的滤波效果。

(5) 滤波后的直流电压会随着输入电压和负载的变化而变，且仍会随着交流峰值有一定的波动，所以需要进一步稳压。

(6) 观察简单稳压电路和集成稳压电路的稳压效果。

8.2 预习要求

(1) 焊接实验前，先用Multisim软件将实验内容仿真一遍，完成并上传预习报告。

(2) 请充分理解电路原理，完成仿真预习，再进行焊接实验。

8.3 模拟变压器输出电路

8.3.1 电路图及工作原理

参考电路图 8-1,实验原理理解如下:

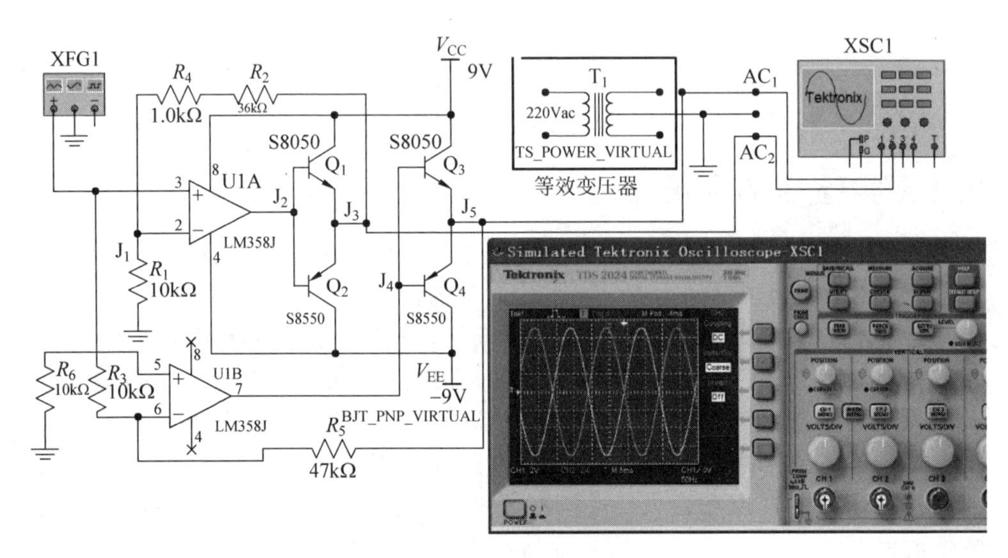

图 8-1 模拟变压器电路原理

为观察整流滤波稳压的效果特性,首先需要一个可以调节幅度的 50Hz 低压交流电源,用以模拟变压器的低压交流输出。

(1) 信号发生器产生 50Hz、最大幅度为±1.2V 的纯交流正弦波(有效值为 0.85V),此波经 U1A 同相放大后变成 AC_1,幅度峰值为 5.64V_p(相对零电位地)。模拟放大器 LM358 的电流负载能力较小,这里用 NPN 三极管 S8050 和 PNP 三极管 S8550 组成对称互补功率放大,扩展输出电流至 200mA。

(2) 正弦波信号由 U1B 反相放大后成 AC_2,最大幅度为 5.64V_p,相位与 AC_1 相反。

(3) 电路图中的电阻取值保证了放大倍数。

8.3.2 预习思考题

(1) 若电路正常工作,J_3 实际是输入信号的比例放大,而 J_2 是集成运放的输出,为使 J_3 是如输入信号一样的完美正弦波,J_2 大于 0 的部分必须始终比 J_3 大 0.7V,J_2 小于 0 的部分必须始终比 J_3 小 0.7V,试画出 J_2 的波形。

（2）当 Q_1 的 e 极和 c 极接反（实验中很可能犯的错误）时，J_3 会有什么变化？

（3）R_1 变化会导致什么结果？

（4）当测量到的 J_3 不是完美正弦波时，请列举所有可能的原因。

8.3.3 实验内容及结果

（1）在智能电子技术实验平台上，按电路图 8-1 排布焊接相应的元器件。将电路检查通过后的实验板电路连接拍照保存。

（2）请按照智能电子技术实验平台中的实验步骤调节实验板上的供电电源 $+V_{CC}$ 至 9V，$-V_{CC}$ 至 −9V，并用数字万用表测量确认。断开信号发生器输入，把接信号发生器的输入先接地，用数字万用表测量 ±9V 和集成模拟放大器各脚位的直流电位，确认正负供电正确，且两个集成模拟放大器的正负输入各自相等。如有问题，请按照智能电子技术实验平台中实验内容提示的排查原因，写出纠正过程。

（3）把信号发生器输出接至电路输入端（原来的接地断开），把信号发生器调至 50Hz，选择正弦波输出，调节输出幅度峰值 V_p 为 1.2V（有效值 V_s = 0.85V），同时用示波器观察到电路输入端波形，核对有效值和频率，并将电路输入端波形截图保存。如有问题，请按照智能电子技术实验平台中实验内容提示的排查原因，写出纠正过程。

（4）用示波器观察 AC_1 的 J_5 和 J_4，J_5 是幅度为 5.64V（有效值为 4V）、频率为 50Hz 的正弦波；J_4 近似于 J_5，J_4 的正半周比 J_5 高 0.6V 左右，J_4 的负半周比 J_5 低 0.6V 左右，在正、负半周交界处有一小段突变。请将节点 J_4、节点 J_5 的实验波形分别截图保存。

（5）用示波器观察 AC_2 的 J_3 和 J_2，J_3 是幅度为 5.64V（有效值 4V）、频率为 50Hz 的正弦波；J_2 近似于 J_3，J_2 的正半周比 J_3 高 0.6V 左右，J_2 的负半周比 J_3 低 0.6V 左右，在正、负半周交界处有一小段突变。请将节点 J_2、J_3 的实验波形分别截图保存。

（6）电路保持以上状态，在智能电子技术实验平台软件中，按要求输入实验原理图节点和电路板焊点的对应关系，并截图保存。

（7）在智能电子技术实验平台软件中，单击开启电路检查。如有问题，智能电子技术实验平台软件将提示哪个节点电压检测未通过，该节点电压参数超出上限还是下限，请按照检测结果提示并结合平台实验内容提示的排查原因，写出纠正过程。

（8）电路检查通过后，请按照智能电子技术实验平台中的实验步骤进行实验。用示波器测得 J_2、J_3、J_4 和 J_5 节点的波形参数，填入表 8-1。将节点电压参数输入平台软件中，由计算机核实是否正确。

表 8-1 节点 J_2、J_3、J_4 和 J_5 的电压参数

参 数	J_2	J_3	J_4	J_5
交流电压有效值/V				
频率/Hz				

(9) 请按照智能电子技术实验平台中的实验步骤进一步观察。

① 比较示波器观察到的 J_2 和 J_4 的波形,与 J_3 和 J_5 的有什么不同? 为什么? 实际电路输出的是 2 个较完美的正弦波,是一种功率放大,该功率放大电路消除"交越失真"的原理与理论课教材上的传统电路有什么不同? 各自的优、缺点是什么?

② 观察 J_3 和 J_5 输出的负载能力:在 J_3 和 J_5 分别对地接上 100Ω 负载电阻,观察到 J_3 和 J_5 的波形无明显改变。请将加负载后节点 J_3、J_5 的实验波形分别截图保存。如果 J_3 和 J_5 的波形有明显改变,请讨论。

(10) 教学建议中提及的本章教学安排的步骤 1 完成。

8.4 整流滤波电路

8.4.1 电路图及工作原理

参考电路图 8-2,实验原理理解如下:

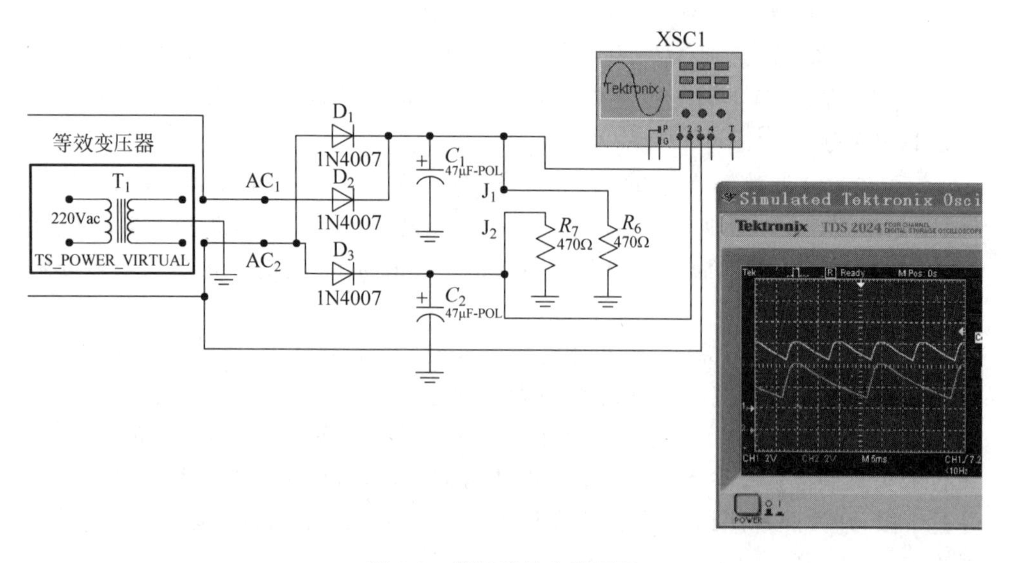

图 8-2 整流滤波电路原理

(1) 教学建议中提及的本章教学安排的步骤 1 获得的电路模拟交流:经 D_1 和 D_2 全波整流后获得 J_1 节点的(负载电阻 R_6,无电容滤波,带 100Hz 正弦全波波

动)直流输出;经 D_3 半波整流后获得 J_2 节点的(负载电阻 R_7,无电容滤波,带 50Hz 正弦半波波动)直流输出。

(2) 若 J_1 和 J_2 对地还接有电容 C_1 和 C_2 滤波,则输出是充放电波动的直流(图 8-2 中为 J_1 和 J_2 节点曲线)。

8.4.2 实验内容及结果

(1) 在智能电子技术实验平台上,在教学建议中提及的本章教学安排的步骤 1 电路的基础上,按电路图 8-2 排布焊接相应的元器件,其中 $C_1=C_2=47\mu F$(电解电容),$R_7=R_6=470\Omega$。将电路检查通过后的实验板电路连接拍照保存。

(2) 请按照智能电子技术实验平台中的实验步骤调节实验板上的供电电源 $+V_{CC}$ 至 9V,$-V_{CC}$ 至 −9V,并用数字万用表测量确认。如有问题,请按照智能电子技术实验平台中实验内容提示的排查原因,写出纠正过程。

(3) 把信号发生器输出接至电路输入端,把信号发生器调至 50Hz,选择正弦波输出,调节输出幅度有效值 V_s 为 0.85V,同时用示波器观察电路输入端波形、有效值和频率,并将电路输入端波形截图保存。如有问题,请按照智能电子技术实验平台中实验内容提示的排查原因,写出纠正过程。

(4) 用示波器观察 AC_1 是否是有效值约为 4V 的正弦波,并将 AC_1 的实验波形截图保存。如有问题,请按照智能电子技术实验平台中实验内容提示的排查原因,写出纠正过程。

(5) 用示波器观察 AC_2 是否是有效值约为 4V 的正弦波,并将 AC_2 实验波形截图保存。如有问题,请按照智能电子技术实验平台中实验内容提示的排查原因,写出纠正过程。

(6) 用示波器观察 J_1 的波形(参考值:最小值约 3.6V,最大值约 5V,直流值约 4.33V,波动频率 100Hz)和 J_2 的波形(参考值:最小值约 2.4V,最大值约 5V,直流值约 3.63V,波动频率 50Hz),并将 J_1、J_2 的实验波形分别截图保存。如有问题,请按照智能电子技术实验平台中实验内容提示的排查原因,写出纠正过程。

(7) 电路保持以上状态,在智能电子技术实验平台软件中,按要求输入实验原理图节点和电路板焊点的对应关系,并截图保存。

(8) 在智能电子技术实验平台软件中,单击开启电路检查。如有问题,智能电子技术实验平台软件将提示哪个节点电压检测未通过,该节点电压参数超出上限还是下限,请按照检测结果提示并结合平台实验内容提示的排查原因,写出纠正过程。

(9) 电路检查通过后,请按照智能电子技术实验平台中的实验步骤进行实验。用示波器测得节点 J_1 和 J_2 的波形参数,填入表 8-2。将节点电压参数输入平台软件中,由计算机核实是否正确。

表 8-2　节点 J_1 和 J_2 的电压参数(一)

参　　数	J_1	J_2
交流电压有效值/V		
直流电压平均值/V		
频率/Hz		

(10) 请按照智能电子技术实验平台中的实验步骤进一步观察。

① 拆去 C_1 和 C_2,用示波器观察节点 J_1 和 J_2 的波形,用万用表的交流挡和直流挡分别测量两点的电压,并填入表 8-3。请将 J_1、J_2 的实验波形分别截图保存。请结合有电容滤波时的结果对比讨论。

表 8-3　节点 J_1 和 J_2 的电压参数(二)

参　　数	J_1	J_2
交流电压有效值/V		
直流电压平均值/V		

② 将 C_1 和 C_2 改成 10μF,用示波器观察 J_1 和 J_2 的波形,用万用表的交流挡和直流挡分别测量两点的电压,并填入表 8-4。请将 J_1、J_2 的实验波形分别截图保存。请结合有 47μF 电容滤波及无电容滤波时的结果对比讨论。

表 8-4　节点 J_1 和 J_2 的电压参数(三)

参　　数	J_1	J_2
交流电压有效值/V		
直流电压平均值/V		

③ 将 C_1 和 C_2 改成 220μF,用示波器观察 J_1 和 J_2 的波形,用万用表的交流挡和直流挡分别测量两点的电压,并填入表 8-5。请将 J_1、J_2 的实验波形分别截图保存。请结合前 3 种情况的结果对比讨论。

表 8-5　节点 J_1 和 J_2 的电压参数(四)

参　　数	J_1	J_2
交流电压有效值/V		
直流电压平均值/V		

(11) 教学建议中提及的本章教学安排的步骤 2 完成。

8.5　线性稳压电路

8.5.1　电路图及工作原理

参考电路图 8-3,实验原理理解如下:

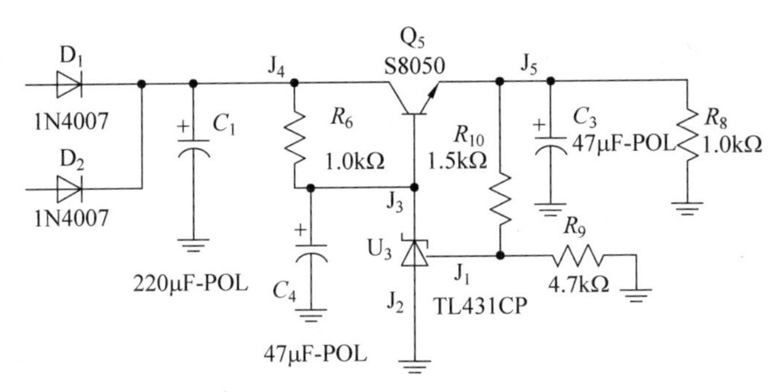

图 8-3　线性稳压电路原理

(1) 教学建议中提及的本章教学安排的步骤 2 获得的全波整流滤波直流电压通常会随输入电压和负载的变化而变化,此电压到达图中的 J_4 节点,经调整三极管 Q_5,从 J_5 节点输出。Q_5 的作用是模拟调整 CE 间的导通程度来控制 J_5 的电压维持在一定的值不变,当然这一调整有效的前提是:J_4 的电位减 J_5 的电位差值大于 Q_5 的饱和压降。实现 Q_5 的自动调整就是稳压电路的任务。

(2) 元件 TL431CP。该元件实际上是一个集成电路,称为可调基准电压。其外观和三极管 S8050 相同,脚朝下,塑封部分的平面对着自己,由左至右的 1、2、3 脚位对应图中的 J_1、J_2 和 J_3 节点。其功能为一个受控二极管,控制脚为 1 脚,3 脚为负极,2 脚为正极。二极管正向导通,反相是否导通受 1 脚控制。1 脚内部与一个基准 2.5V 电压比较:当 1 脚大于 2.5V 时,二极管反向导通,否则二极管反向截止。使用时必须注意 3 脚的电位必须始终大于或等于 2.5V,否则内部基准电压就无法保持 2.5V。

(3) 由图 8-3 可见,当 U_3(TL431 的二极管反向)不导通时,Q_5 由 R_6 提供 I_b,J_3 节点的电位接近 J_4 节点的电位,所以 Q_5 导通;当 U_3 导通时,J_3 的电位被拉低,Q_5 导通程度变低,相应地 J_5 的电位也会下降。J_5 的电位经分压后送至 J_1,以控制 U_3 是否导通,这样便形成了一个负反馈过程:输出电压(J_5)$=2.5\text{V}\times(R_9+R_{10})/R_9$,当输出电压变高时,$J_1$ 的电位会大于 2.5V,U_3 导通,Q_5 的导通程度变小,输出电压下降,直至回到由上述算式决定的输出电压;当输出电压变低时,J_1 的电位会小于 2.5V,U_3 不导通,Q_5 的导通程度变大,输出电压上升,直至回到上述算式决定的输出电压;由于这种调整是模拟连续瞬时的调整,所以输出电压可以稳定地维持在取样电阻 R_9 和 R_{10} 决定的电压值上。

8.5.2　预习思考题

(1) 若电路正常工作,J_3 节点的电位为多少?当负载电流加大时,由于反馈稳压的作用,J_5 电位能保持稳定,而 J_3 的电位是否也保持稳定或有所变化?

(2) 请讨论当 U_3(TL431CP)的 1 脚和 3 脚接反时电路的状态。

(3) 若 J_5 无法调整到 3.3V,请给出所有可能的原因。

8.5.3 实验内容及结果

（1）在智能电子技术实验平台上，按电路图 8-3 排布焊接相应的元器件。理论上输入电压应来自 D_1、D_2 对交流电压的整流，但为了简单，同时也能达到相同的效果，这里 J_4 通过一个 100Ω 的电阻连接至 $+V_{CC}$，不再连接 D_1、D_2。将电路检查通过后的实验板电路连接拍照保存。

（2）请按照智能电子技术实验平台中的实验步骤调节实验板上的供电电源，把 $+V_{CC}$ 调节至 6.6V，并用数字万用表测量确认 $+V_{CC}$ 和 J_4 电位（6V 左右）。如有问题，请按照智能电子技术实验平台中实验内容提示的排查原因，写出纠正过程。

（3）用万用表直流挡测量 J_5 的直流电压平均值，用其交流挡测量 J_5 的波纹电压有效值（交流 6V 挡测），并填入表 8-6。

表 8-6　节点 J_5 的电压参数

参　　数	J_5
交流电压有效值/V	
直流电压平均值/V	

（4）电路保持以上状态，在智能电子技术实验平台软件中按要求输入实验原理图节点和电路板焊点的对应关系，并截图保存。

（5）在智能电子技术实验平台软件中，单击开启电路检查。如有问题，智能电子技术实验平台软件将提示哪个节点电压检测未通过，该节点电压参数超出上限还是下限，请按照检测结果提示并结合平台实验内容提示的排查原因，写出纠正过程。

（6）电路检查通过后，请按照智能电子技术实验平台中的实验步骤进行实验。用示波器测得 J_4 和 J_5 点的波形参数，并填入表 8-7。将节点电压参数输入平台软件中由计算机核实是否正确。

表 8-7　节点 J_4 和 J_5 的电压参数（一）

参　　数	J_4	J_5
交流电压有效值/V		
直流电压平均值/V		

（7）请按照智能电子技术实验平台中的实验步骤进一步观察。

① 调整 $+V_{CC}$ 至 9V，用万用表直流挡测得 J_4 和 J_5 的电压值，填入表 8-8。

表 8-8　节点 J_4 和 J_5 的电压参数（二）

参　　数	J_4	J_5
直流电压平均值/V		

比较$+V_{CC}$为6.6V时的J_4和J_5电压，可以看到J_5输出的稳压效果，其中最重要的参数为电压调整率：

$$电压调整率=[V_{J_5}(J_4=9V)-V_{J_5}(J_4=6V)]/(9V-6V)\times 100\%$$

可见，电压调整率越小，稳压效果越好。请对电压调整率进一步理解讨论。

② 调整$+V_{CC}$为8V，并拆去C_1，把信号发生器调整为有效值最大1.08V和50Hz输出，并连接至J_4，用其模拟J_4上叠加一定的交流波动(由于信号发生器电阻较大，连上后实际的交流波动有效值约0.14V)，并将J_4的波动图波形截图保存。请就直流上交流波动的模拟进行讨论。

a. 断开R_8，用万用表直流挡测得J_4和J_5的直流电压，用万用表交流挡测得J_4和J_5上的波纹电压有效值；

b. 将R_8换成2个470Ω电阻并联后接上，再用万用表直流挡测得J_4和J_5的电压，用万用表交流挡测得J_4和J_5上的波纹电压有效值，将数值填入表8-9。

表8-9 节点J_4和J_5的电压参数(三)

参　数	J_4/无R_8	J_5/无R_8	$J_4/R_8=235\Omega$	$J_5/R_8=235\Omega$
交流电压有效值/V				
直流电压平均值/V				

比较以上a和b两种情况下的J_5电压和J_4电压，可以看到负载加上后，J_4电压有较大变化(包括波纹电压)，而J_5的输出电压基本不变。这一稳压效果可以用负载调整率来表示：

$$负载调整率=[V_{J_5}(J_5空载)-V_{J_5}(J_5=470\Omega/\!/470\Omega)]/J_5额定输出电压(3.3V)\times 100\%$$

可见，负载调整率越小，稳压效果越好。请对负载调整率进一步理解讨论。

③ 本稳压电路的输出电压可以通过调节R_9和R_{10}的比值改变，但输出电压至少应比输入电压的最小值低1V，否则输出电压无法稳定。同时TL431CP的比较电压为2.5V，也即J_5的输出电压最小($R_{10}=0$的情况)为2.5V。

在R_{10}上再并联一个1.5kΩ电阻和短路R_{10}两种情况下测得J_5的输出电压，与理论计算值比较，填入表8-10。请就理论值和实验值进行比较讨论。

表8-10 节点J_5的电压参数

参　数	$J_5/R_{10}/\!/1.5k\Omega$		J_5/R_{10}短路	
直流电压平均值/V	测量值	计算值	测量值	计算值

(8) 教学建议中提及的本章教学安排的步骤3完成。

(9) 本实验可讨论的问题和建议。

第9章

555定时器电路

9.1 实验目的和要求

555集成电路是应用最广泛的定时电路，除了定时应用外，还可以组成各种控制电路。555定时器有8个脚位，也有14个脚位含2个独立的555定时器电路封装(称为556)，工作电压最高达16V，在5V下也能工作，输出电流可达200mA，工作频率可达1MHz以上。

本实验的目的是通过实验熟悉555定时器的内部工作原理，只有充分理解和熟悉555定时器的工作原理，才能灵活有效地应用该电路。

本实验要求完成单稳态定时器电路、多谐振荡器和利用多谐振荡器输出实现一个升压和负电压产生电路3个步骤。

9.2 预习要求

(1) 焊接实验前，先用Multisim软件将实验内容仿真一遍，完成并上传预习报告。

(2) 请充分理解了电路原理，完成仿真预习，再进行焊接实验。

9.3 单稳态定时器电路

9.3.1 电路图及工作原理

参考电路图9-1，实验原理理解如下：

首先请看555集成电路的内部原理图，虚线外是8个引出脚，虚线内是内部电路：由3个相同的5kΩ电阻对电源电压，得到$u_{REF1}=(2/3)V_{CC}$和$u_{REF2}=(1/3)V_{CC}$，只要不对5脚另外施以分压，这两个电压只和V_{CC}有关；

G_1和G_2组成RS触发器：当$u_{c1}=0$($u_{c2}=1$或0)时，G_1与非门输出Q—为1(高电平)，G_3为非门，也即置$u_o=0$；

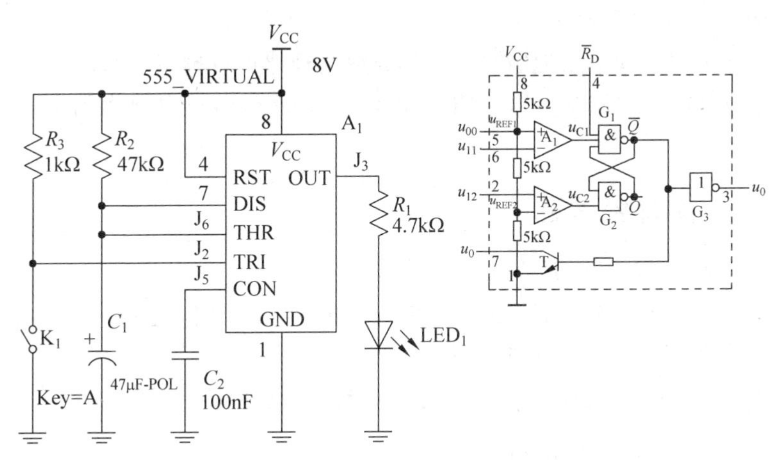

图 9-1 单稳态定时器电路原理

当 $u_{c2}=0(u_{c1}=1)$时,G_2 与非门输出 Q 为 1,Q—为 0,也即置 $u_o=1$;

当 $u_{c1}=u_{c2}=1$,u_o 不变;

$u_o=0$ 时,T 导通,即 7 脚接地;$u_o=1$ 时,T 截止,即 7 脚悬空;

u_{11} 和 u_{12}(6 脚和 2 脚)通过比较器 A_1 和 A_2 与 u_{REF1} 和 u_{REF2} 比较,比较结果为 u_{c1} 和 u_{c2},所以结合上述 RS 触发器,555 有如下功能:

$u_{12}<(1/3)V_{CC}$ 时,u_o 被置 1(置位),T 截止,之后 u_{12} 的变化不会导致 u_o 复位(u_o 回到 0);

$u_{11}>(2/3)V_{CC}$ 时,u_o 被置 0(复位),T 导通,之后 u_{11} 的变化不会导致 u_o 置位;

u_{11} 优先于 u_{12},即复位(输出低电平)优先于置位(输出高电平);

4 脚为复位脚,正常工作时 4 脚接 V_{CC},当 4 脚接地时 $u_o=0$;

5 脚可以悬空,也可以与地之间接一个电容,或外接分压电阻以改变 u_{REF1};

由 555 集中电路内部电路的工作原理可见,其功能并不复杂,总结起来即:

$u_{12}<(1/3)V_{CC}$,u_o 置位,T 截止;

$u_{11}>(2/3)V_{CC}$,u_o 复位,T 导通;

复位优先于置位。

图 9-1 的左边是实验电路图,开始时 K_1 断开,J_2 高电位,J_6 低电位,上电复位,J_3 输出为低,7 脚对地短路,电路处于稳定状态(稳态),LED 灯灭;

当 K_1 合上后再断开,J_2 低于$(1/3)V_{CC}$ 的瞬间 J_3 被置位处于高电位,LED 被点亮,7 脚和地断开,V_{CC} 通过 R_2 对 C_1 充电,J_6 电位不断上升,在此期间 J_3 保持高电位,LED 灯维持点亮,此为定时输出状态,或称为暂态;

当 J_6 上升至$(2/3)V_{CC}$ 后,J_3 被复位,LED 灯灭,7 脚对地短路,C_1 放电,J_6 回到 0,定时结束,输出回到稳态;由于电路只有一个稳定状态,所以该电路称为单稳态电路;

K_1 合上启动定时输出,但在定时结束前 K_1 必须回到断开状态,否则定时结束后输出会在 0 和 1 之间振荡；

定时时间由 R_2 和 C_1 的值决定，根据充放电规律可以推得定时时间：$t=RC\times\ln[(V_{CC}-0)/(V_{CC}-2/3V_{CC})]=RC\times\ln3=1.1RC(s)$，按电路图所取的值，定时时间为 2.5s。

9.3.2 预习思考题

(1) 若电路正常工作，J_5 的电位约为多少？

(2) 若电路在 K_1 合上后 LED 灯亮，K_1 断开后 LED 很快灭，达不到预期的定时，请列出导致该结果所有可能的原因。

(3) 当 R_2 开路时，该电路在 K_1 合上再断开后会发生什么？

9.3.3 实验内容及结果

(1) 在智能电子技术实验平台上，按电路图 9-1 排布焊接相应的元器件。将电路检查通过后的实验板电路连接拍照保存。

(2) 请按照智能电子技术实验平台中的实验步骤调节实验板上的供电电源 $+V_{CC}$ 至 8V，$-V_{CC}$ 至 0V，并用数字万用表测量确认。如有问题，请按照智能电子技术实验平台中实验内容提示的排查原因，写出纠正过程。

(3) 保持 K_1 断开，用万用表测量节点 J_6、J_2、J_3、J_5 的直流电压平均值，填入表 9-1。如有问题，请按照智能电子技术实验平台中实验内容提示的排查原因，写出纠正过程。

表 9-1 节点 J_6、J_2、J_3 和 J_5 的电压参数

参　数	J_6	J_2	J_3	J_5
直流电压平均值/V				

(4) 电路保持以上状态，在智能电子技术实验平台软件中，按要求输入实验原理图节点和电路板焊点的对应关系，并截图保存。

(5) 在智能电子技术实验平台软件中，单击开启电路检查。如有问题，智能电子技术实验平台软件将提示哪个节点电压检测未通过，该节点电压参数超出上限还是下限，请按照检测结果提示并结合平台实验内容提示的排查原因，写出纠正过程。

(6) 电路检查通过后，请按照智能电子技术实验平台中的实验步骤进行实验。用示波器测得 J_2、J_3、J_5 和 J_6 节点的波形参数，并填入表 9-2。将节点电压参数输入平台软件中，计算机核实是否正确。

表 9-2 节点 J_2、J_3、J_5 和 J_6 的电压参数

参　数	J_2	J_3	J_5	J_6
直流电压平均值/V				

(7) 请按照智能电子技术实验平台中的实验步骤进一步观察。

① 短时合上 K_1，观察 LED 灯点亮时长，请将理论值和实验值比较。

② C_1 上再并联一个 47μF 电容后重复①，请将理论值和实验值比较。

③ 再在 R_2 上并联一个 47kΩ 后重复①，请将理论值和实验值比较。

(8) 请写出理论推导延时时间 t 的表达式和推导过程。

(9) 教学建议中提及的本章教学安排的步骤 1 完成。

9.4 双稳态多谐振荡器电路

9.4.1 电路图及工作原理

参考电路图 9-2，实验原理理解如下：

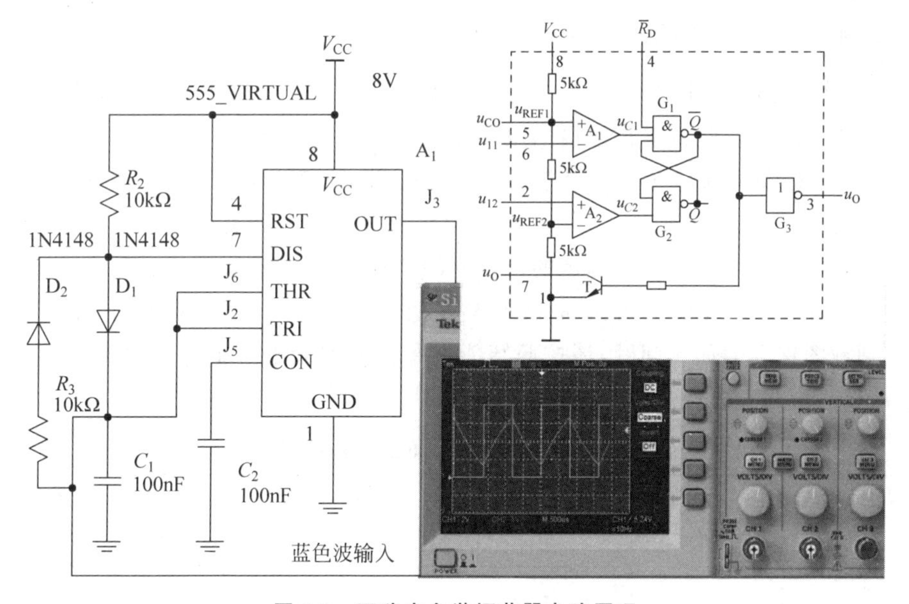

图 9-2 双稳态多谐振荡器电路原理

教学建议中提及的本章教学安排的步骤 1 已基本熟悉了 555 集成电路内部电路的工作原理，其功能可概括为

u_{12}(2 脚)＜(1/3)V_{CC}，u_O 置位，T 截止；

u_{11}(6 脚)＞(2/3)V_{CC}，u_O 复位，T 导通；

复位优先于置位。

图 9-2 的左边是实验电路图，上电后 C_1 还未充电，J_2＜(1/3)V_{CC}，所以 J_3 置位，7 脚对地开路，V_{CC} 经 R_2 和 D_1 对 C_1 充电；

当 C_1 充至(2/3)V_{CC} 后，J_6＞(2/3)V_{CC}，所以 J_3 复位，7 脚对地短路，此时 C_1 开始通过 R_3 和 D_2 对地放电；

当 C_1 放电至(1/3)V_{CC} 后，J_2<(1/3)V_{CC}，所以 J_3 置位，7 脚对地开路，重复上述过程，直至 J_3 输出矩形波；

C_1 的充电时间由 $R_2 \times C_1$ 决定，放电时间由 $R_3 \times C_1$ 决定；

定义占空比 q=周期内高电平所占时间/周期，则有：$R_2 = R_3$ 时，J_3 输出矩形波的 $q=0.5$；$R_2 > R_3$ 时，$q>0.5$；$R_2 < R_3$ 时，$q<0.5$；

该电路也可以不用 D_1 和 D_2，即如图 9-2 所示 D_1 开路，D_2 短路，则 V_{CC} 通过 R_2+R_3 对 C_1 充电，C_1 通过 R_3 经 7 脚对地放电，所以这种情况下总是有 $q>0.5$。

9.4.2 预习思考题

(1) 若电路输出波的占空比小于 0.5，请列出导致该结果所有可能的原因。

(2) 当 J_3 始终是低电平时，请列出导致该结果所有可能的原因。

9.4.3 实验内容及结果

(1) 在智能电子技术实验平台上，按电路图 9-2 排布焊接相应的元器件。将电路检查通过后的实验板电路连接拍照保存。

(2) 请按照智能电子技术实验平台中的实验步骤调节实验板上的供电电源 $+V_{CC}$ 至 8V，$-V_{CC}$ 至 0V，并用数字万用表测量确认。如有问题，请按照智能电子技术实验平台中实验内容提示的排查原因，写出纠正过程。

(3) 用示波器观察 J_2 和 J_3 的波形参数，填入表 9-3。请将节点 J_2、J_3 的实验波形分别截图保存。如有问题，请按照智能电子技术实验平台中实验内容提示的排查原因，写出纠正过程。

表 9-3 节点 J_2 和 J_3 的电压参数(一)

节点	直流电压平均值/V	交流电压有效值/V	最小值/V	最大值/V	频率/Hz
J_2					
J_3					

(4) 电路保持以上状态，在智能电子技术实验平台软件中，按要求输入实验原理图节点和电路板焊点的对应关系，并截图保存。

(5) 在智能电子技术实验平台软件中，单击开启电路检查。如有问题，智能电子技术实验平台软件将提示哪个节点电压检测未通过，该节点电压参数超出上限还是下限，请按照检测结果提示并结合平台实验内容提示的排查原因，写出纠正过程。

(6) 电路检查通过后，请按照智能电子技术实验平台中的实验步骤进行实验。用示波器测得 J_2 和 J_3 点的波形参数，填入表 9-4。将节点电压参数输入平台软件中，由计算机核实是否正确。

表 9-4 节点 J_2 和 J_3 的电压参数(二)

参 数	J_2	J_3
直流电压平均值/V		
交流电压有效值/V		
频率/Hz		

(7) 请按照智能电子技术实验平台中的实验步骤进一步观察。

① 在 R_2 上再并联 1 个 10kΩ 电阻,用示波器观察 J_2 和 J_3 的波形,并将 J_2、J_3 的实验波形分别截图保存。请观察结果并讨论,进行理论分析。

② 把 R_2 上的并联电阻移至与 R_3 并联,用示波器观察 J_2 和 J_3 的波形,并将 J_2、J_3 的实验波形分别截图保存。请观察结果并讨论,进行理论分析。

③ 把 R_3 上的并联电阻移至与 C_2 并联,用示波器观察 J_2 和 J_3 的波形,并将 J_2、J_3 的实验波形分别截图保存。请观察结果并讨论,进行理论分析。

(8) 教学建议中提及的本章教学安排的步骤 2 完成。

9.5 升压和负电压产生电路

9.5.1 电路图及工作原理

参考电路图 9-3,实验原理理解如下:

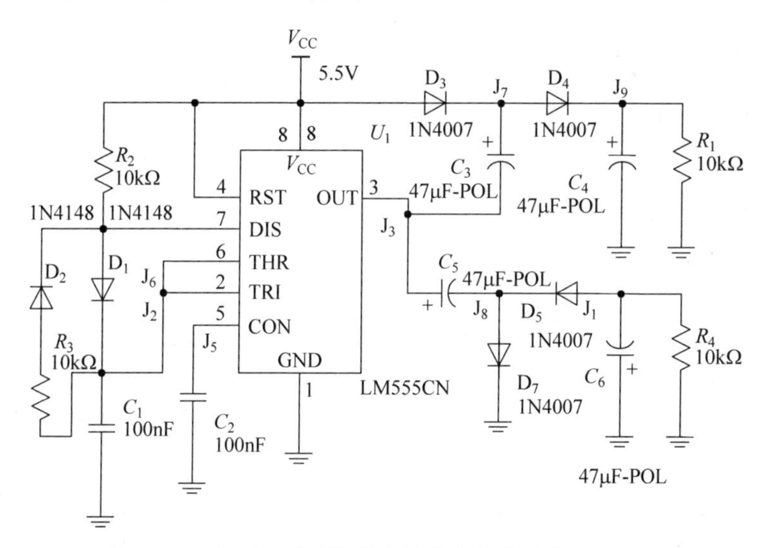

图 9-3 升压和负电压产生电路原理

教学建议中提及的本章教学安排的步骤 2 中的电路基本上略做修改便可得到一个方波输出:将 V_{CC} 改为 5.5V,J_3 输出的是幅度为 4.1V 的方波。

对于一个直流电压,要进行变压(降压或升压)应用,就必须先把直流变成交流，然后用变压器或电容充放电进行变压。虽然通过电阻分压可以降低一个直流电压，但电阻分压损耗大，且提供不了较大的电流。本电路利用 J_3 方波在 J_9 获得一个比供电电压 5.5V 更高的电压，在 J_1 获得一个负电压；

当 J_3 为 0V 时，5.5V 通过 D_3 对 C_3 充电，C_3 上的电压约为 4.9V(5.5V 减去 D_3 的压降 0.6V)，由于方波频率在 500Hz 以上，所以充电反复进行，且 C_3 的容量足够大，该电压基本稳定，不会因为 J_3 为 4.2V 时由于放电而下降；

当 J_3 为 4.2V 时，J_7＝4.2V＋4.9V(C_3 上的电压)＝9.1V，该电压通过 D_4 向 C_4 充电，所以 J_9 应为 9.1V－0.6V＝8.5V，该电压会随负载 R_1 的变化而略有变化，R_1 越小(即负载越重)，该电压越低，充放电的波动也越大；

当 J_3 为 4.2V 时，该 4.2V 电压通过 D_7 对 C_5 充电，C_5 上的电压约为 3.6V (4.2V 减去 D_7 的压降 0.6V)，C_5 上的电压也基本稳定；

当 J_3 为 0V 时，J_8＝－3.6V(C_5 上的电压)，该电压通过 D_5 使 C_6 放电，所以 J_1 为－3.6V＋0.6V＝－3V，该电压会随负载 R_4 的变化而略有变化，R_4 越小(即负载越重)，该电压的绝对值越小，充放电的波动也越大；

由此在仅 5V 供电的情况下此电路在 J_9 上获得了 8.5V，在 J_1 上获得了一个负压－3V，所以本电路称为倍压电路。

通过增加二极管和电容的组合，可以在方波的基础上获得正或负的更高倍压，但获得的电压越高，承受负载后电压的降落和波动也越大，所以通常在负载电流不大的情况下使用多倍压电路获得所需的更高的正或负直流电压。

9.5.2 预习思考题

(1) 若 J_3 波形正常，但 J_1 没有负电压，请列出导致该结果所有可能的原因。

(2) 若 J_9 的电压比预期的低较多，请列出导致该结果所有可能的原因。

(3) 当 C_2 短路时，请问 V_{J_1}＝？ V_{J_9}＝？

9.5.3 实验内容及结果

(1) 在智能电子技术实验平台上，按电路图 9-3 排布焊接相应的元器件。将电路检查通过后的实验板电路连接拍照保存。

(2) 请按照智能电子技术实验平台中的实验步骤，断开 J_3 和右边电路的连接，调节实验板上的供电电源 $+V_{CC}$ 至 5.5V，$-V_{CC}$ 至 0V，并用数字万用表测量确认，因为教学建议中提及的本章教学安排的步骤 2 已确保 J_3 输出正常，用示波器确认 J_3 输出峰值为 4.9V 的方波。如有问题，请按照智能电子技术实验平台中实验内容提示的排查原因，写出纠正过程。

(3) 连接 J_3 至右边的电路，再次检查 5.5V 是否正常。如有问题，请按照智能电子技术实验平台中实验内容提示的排查原因，写出纠正过程。

(4) 用万用表测量 J_9 和 J_1 的直流电压平均值，填入表 9-5，J_9 的参考值为

8.5V左右，J_1 的参考值为−3V左右。如有问题，请按照智能电子技术实验平台中实验内容提示的排查原因，写出纠正过程。

表 9-5 节点 J_9 和 J_1 的电压参数

节 点	直流电压平均值/V
J_9	
J_1	

(5) 用示波器观察电路节点 J_3、J_7、J_8、J_1、J_9，并将节点 J_3、J_7、J_8、J_1、J_9 的实验波形分别截图保存。请分析各波形的形成过程。

(6) 电路保持以上状态，在智能电子技术实验平台软件中，按要求输入实验原理图节点和电路板焊点的对应关系，并截图保存。

(7) 在智能电子技术实验平台软件中，单击开启电路检查。如有问题，智能电子技术实验平台软件将提示哪个节点电压检测未通过，该节点电压参数超出上限还是下限，请按照检测结果提示并结合平台实验内容提示的排查原因，写出纠正过程。

(8) 电路检查通过后，请按照智能电子技术实验平台中的实验步骤进行实验。用示波器测得 J_1、J_3 和 J_9 节点的波形参数，并填入表9-6。将节点电压参数输入平台软件中，由计算机核实是否正确。

表 9-6 节点 J_1、J_3 和 J_9 的电压参数

参 数	J_1	J_3	J_9
直流电压平均值/V			
交流电压有效值/V			

(9) 请按照智能电子技术实验平台中的实验步骤进一步观察。

① 若把 R_1 和 R_4 换成1kΩ电阻，用示波器测量 J_9 和 J_1 的波动。请将 J_9、J_1 的实验波形分别截图保存。用万用电表测得直流电压，与负载为10kΩ时比较，请观察结果并讨论。

② 若把 R_1 和 R_4 换成100kΩ电阻，用示波器测量 J_9 和 J_1 的波动。请将 J_9、J_1 的实验波形，分别截图保存。用万用电表测得直流电压，与负载为10kΩ时比较，请观察结果并讨论。

(10) 教学建议中提及的本章教学安排的步骤3完成。

(11) 本实验可讨论的问题和建议。

第10章

设计实验A

10.1 实验目的和要求

本实验要求利用一个358双模拟运算放大器输出一个上峰值为6.5V、下峰值为−2.5V的三角波，可以用信号发生器输出一个三角波经电路运算后获得。

本实验的目的是通过电路设计熟悉集成模拟放大器的运算应用。

10.2 预习要求

(1) 焊接实验前，先用Multisim软件设计电路并运行成功，完成并上传预习报告。

(2) 请充分理解电路原理，完成仿真预习，再进行焊接实验。

10.3 电路设计模拟和实验

10.3.1 电路图及工作原理

本实验为设计实验，参考电路图10-1，要求用集成运算放大器358来搭建一个电路，实现输出一个三角波，其上峰值要求为6.5V，下峰值为−2.5V，频率为200Hz，可以用信号发生器输出三角波，通过比例放大和加法器，实现要求的波形。本实验对供电电压和信号发生器的输出幅度均无限制。

10.3.2 预习思考题

(1) 请提供仿真运行成功的设计电路。

(2) 请阐述电路设计的思路和原理。

10.3.3 实验内容及结果

(1) 在智能电子技术实验平台上，按设计的电路排布焊接相应的元器件。将

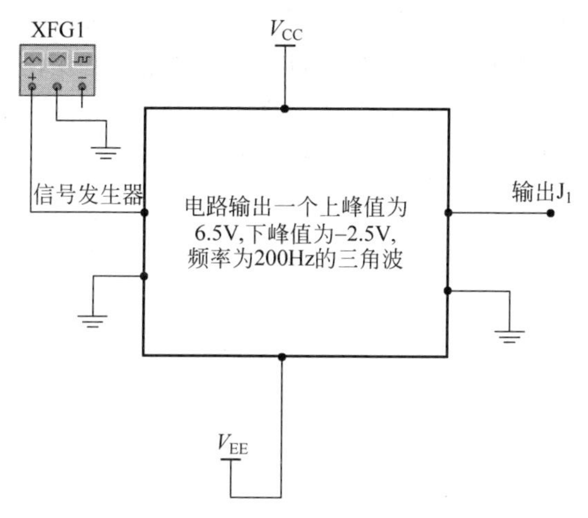

图 10-1 电路设计模拟和实验

电路检查通过后的实验板电路连接拍照保存。

(2) 电路搭建完成后加载供电,用示波器测量输入端电压波形和输出端电压波形,并将输入端电压波形、输出端 J_1 电压波形分别截图保存。如有问题,请按照智能电子技术实验平台中实验内容提示的排查原因,写出纠正过程。

(3) 电路保持以上状态,在智能电子技术实验平台软件中,按要求输入实验原理图节点和电路板焊点的对应关系(本实验仅检查输出波形是否达到要求,输出波形的电路图节点为 J_1),并截图保存。

(4) 在智能电子技术实验平台软件中,单击开启电路检查。如有问题,智能电子技术实验平台软件将提示哪个节点电压检测未通过,该节点电压参数超出上限还是下限,请按照检测结果提示并结合平台实验内容提示的排查原因,写出纠正过程。

(5) 电路检查通过后,请按照智能电子技术实验平台中的实验步骤进行实验。用示波器测得 J_1 节点的波形参数,并填入表 10-1。将节点电压参数输入平台软件中,由计算机核实是否正确。

表 10-1 节点 J_1 的电压参数

参　　数	J_1
交流电压有效值/V	
最大值/V	
最小值/V	
直流电压平均值/V	
频率/Hz	

(6) 请按照智能电子技术实验平台中的实验步骤进一步观察。

① 用万用表的直流挡测量 J_1 波形，然后保持测量，同时调小输入信号的幅度至零，观察并记录万用表直流电压平均值读数，读数是否有变化？为什么？

② 用万用表的交流流挡量 J_2 波形，然后保持测量，同时调节其叠加的直流值大小（加法器上用可调电阻），观察并记录万用表交流电压有效值的读数，读数是否有变化？为什么？

（7）本实验可讨论的问题和建议。

第11章

设计实验B

11.1　实验目的和要求

本实验要求用三极管放大电路实现RC正弦波发生器电路，利用三极管放大器本身的非线性实现限幅，所以不需要额外限幅电路，要求电路输出一个频率小于1kHz、上峰值为5V、下峰值为3V、THD值小于5%的正弦波。

11.2　预习要求

(1) 焊接实验前，先用Multisim软件设计电路并运行成功，完成并上传预习报告。

(2) 请充分理解电路原理，完成仿真预习，再进行焊接实验。

11.3　电路设计模拟和实验

11.3.1　电路图及工作原理

参考电路图11-1，需要设计的电路实际上是用NPN三极管实现一个放大倍数约为3倍(可用可变电阻调节)的同相放大器，为实现设计要求，输出端的静态电位应在4V，这样才能得到所要求的正弦波。

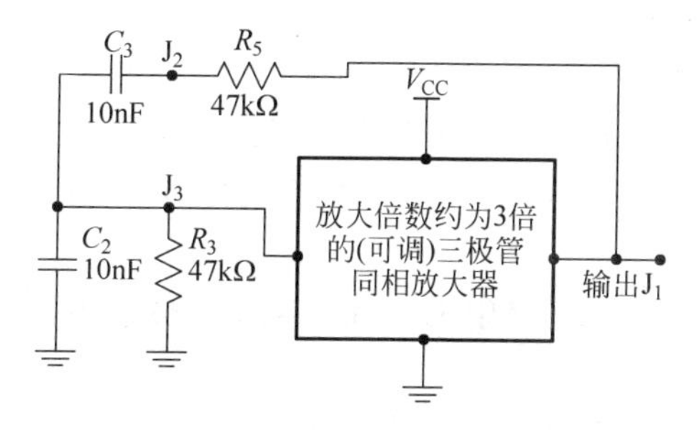

图11-1　电路设计模拟和实验

11.3.2 预习思考题

(1) 请提供仿真运行成功的设计电路。

(2) 请阐述电路设计的思路和原理。

11.3.3 实验内容及结果

(1) 在智能电子技术实验平台上,按设计的电路排布焊接相应的元器件,将电路检查通过后的实验板电路连接拍照保存。

(2) 电路搭建完成后加载供电,用示波器测量输出端电压波形,并将输出端 J_1 电压波形截图保存。如有问题,请按照智能电子技术实验平台中实验内容提示的排查原因,写出纠正过程。

(3) 用示波器观察 J_2 和 J_3 的波形,并将节点 J_2、J_3 的实验波形分别截图保存。如有问题,请按照智能电子技术实验平台中实验内容提示的排查原因,写出纠正过程。

(4) 电路保持以上状态,在智能电子技术实验平台软件中,按要求输入实验原理图节点和电路板焊点的对应关系(本实验仅检查输出波形是否达到要求,输出波形的电路图节点为 J_1),并截图保存。

(5) 在智能电子技术实验平台软件中,单击开启电路检查。如有问题,智能电子技术实验平台软件将提示哪个节点电压检测未通过,该节点电压参数超出上限还是下限,请按照检测结果提示并结合平台实验内容提示的排查原因,写出纠正过程。

(6) 电路检查通过后,请按照智能电子技术实验平台中的实验步骤进行实验。用示波器测得 J_1、J_2 和 J_3 节点的波形参数,并填入表 11-1。将节点电压参数输入平台软件中,由计算机核实是否正确。

表 11-1 节点 J_1、J_2 和 J_3 的电压参数

参　数	J_1	J_2	J_3
交流电压有效值/V			
频率/Hz			

(7) 请按照智能电子技术实验平台中的实验步骤进一步观察。

① 用电烙铁靠近三极管(2 个三极管轮流进行),观察输出波形有无变化,并加以讨论。

② 用电烙铁靠近选频电路中的 2 个电容,观察输出波形有无变化,并加以讨论。

③ 调节供电电压大小,观察输出波形有无变化,并加以讨论。

(8) 本实验可讨论的问题和建议。

第12章

智能电子技术实验平台的开放式实验

12.1　智能电子技术实验平台的开放式实验功能

由 1.2 节中对智能电子技术实验平台的软硬件介绍可以得知，如果不开启电路检查功能，操作者可以利用平台软件集成的直流电压、交流信号发生器、示波器，在硬件电路板上按照具体需求设计电路，进行开放式实验。此时，电子技术实验平台为操作者提供了一个集成的电子技术实验室。

本章结合数字电路中的全加器、编码器、译码器、数据选择器、数据比较器、寄存器、计数器介绍几个开放式实验的应用实例，通过仿真预习和焊接实验进行实践。

12.2　开放式实验应用实例 1：全加器

图 12-1 为全加器电路图，74LS83N 实现 2 组 4 位二进制数 A4A3A2A1 和

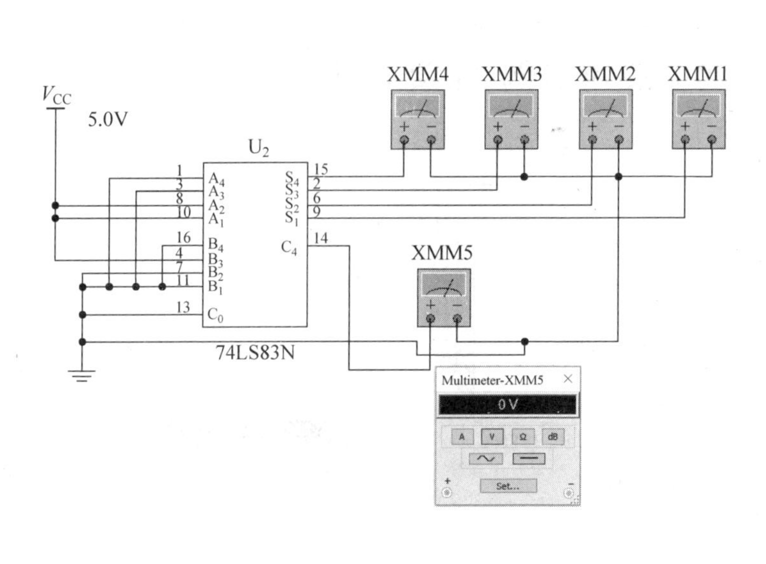

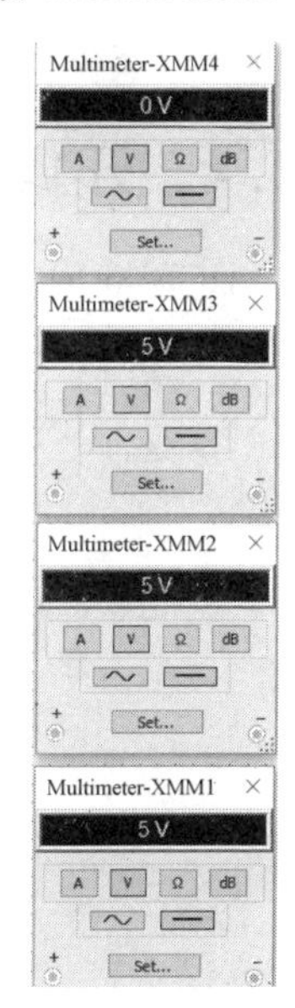

图 12-1　全加器电路

B4B3B2B1 的全加功能，并通过 S4S3S2S1 输出，最高位进位通过 C_4 输出。通过级联，可实现 2 组 8 位二进制数的全加功能，此时低位的进位通过 C_0 输入。

12.3 开放式实验应用实例 2：编码器

图 12-2 为编码器电路图，74LS148N 实现了 8 线～3 线优先编码功能，输入和输出均低电平有效。输入使能端 EI 低电平有效。通过级联，可实现 16 线～4 线优先编码功能。

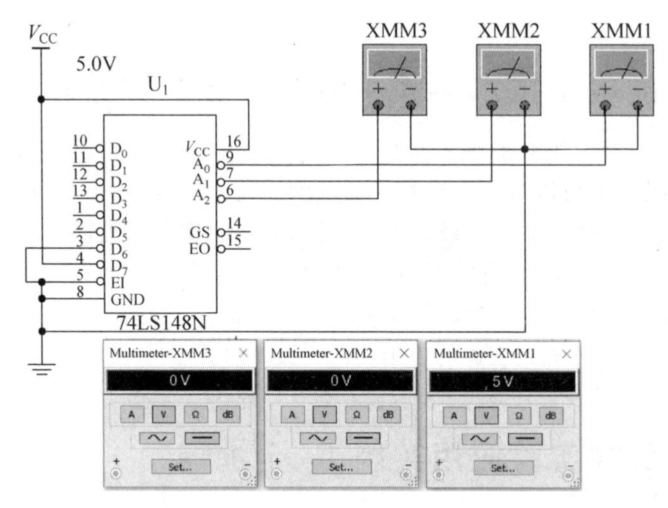

图 12-2 编码器电路

12.4 开放式实验应用实例 3：译码器

图 12-3 为译码器电路图，74LS138N 实现 3 线～8 线优先编码功能，输入端高

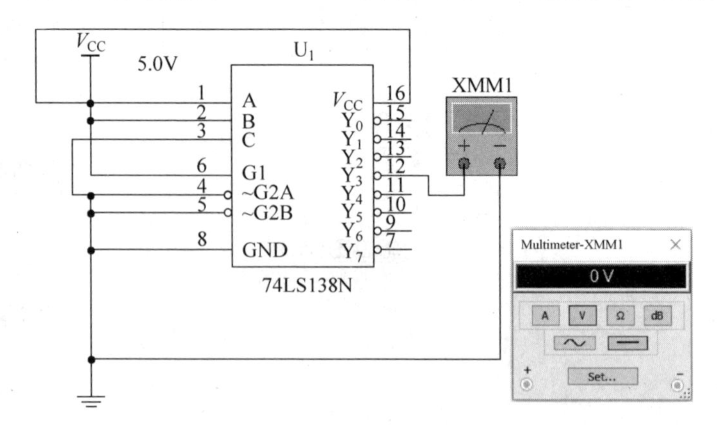

图 12-3 译码器电路

电平有效，输出端低电平有效。输入使能端 G1 高电平有效，G2A、G2B 低电平有效。通过级联，可实现 4 线～16 线译码功能。

图 12-4 为显示译码器电路图，74LS48N 实现 LED7 段数码管显示功能，输入和输出均高电平有效。

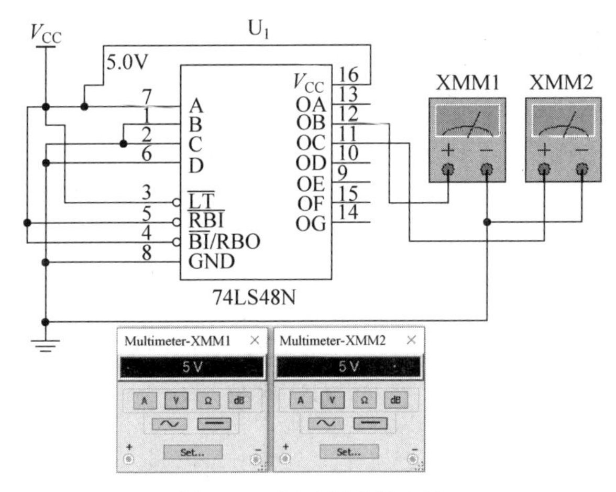

图 12-4 显示译码器电路

12.5 开放式实验应用实例 4：数据选择器

图 12-5 为数据选择器电路图，74LS151N 实现 8 选 1 的数据选择功能。在地

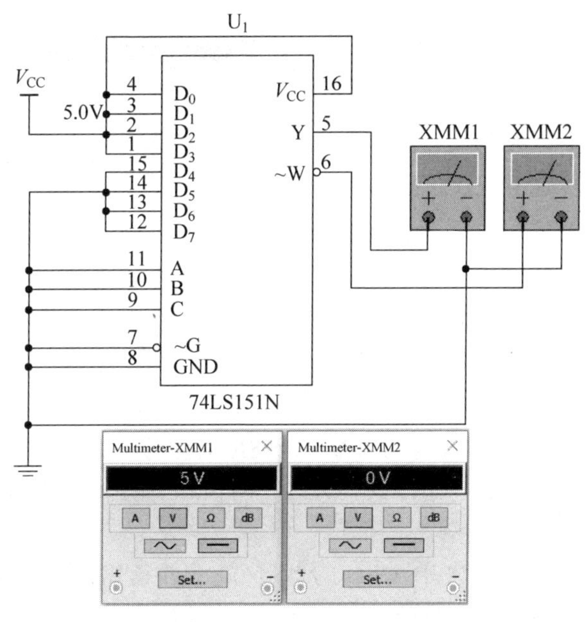

图 12-5 数据选择器电路

址 ABC 的信号控制下，从 $D_0 \sim D_7$ 8 个数据中选择一个通道将数据传送至输出 Y。输出 W 为 Y 的非。输入使能端 G 低电平有效。通过级联，可实现 16 选 1 的数据选择功能。

12.6 开放式实验应用实例 5：数据比较器

图 12-6 为数据比较器电路图，74LS85N 实现 2 组 4 位二进制数 A3A2A1A0 和 B3B2B1B0 的比较功能，比较结果通过 OAGTB(A3A2A1A0＞B3B2B1B0)、OAEQB(＝)、OALTB(＜)输出。通过级联，可实现两组八位二进制数的比较功能，此时低位片的比较结果通过 AGTB(＞)、AEQB(＝)、ALTB(＜)输入。

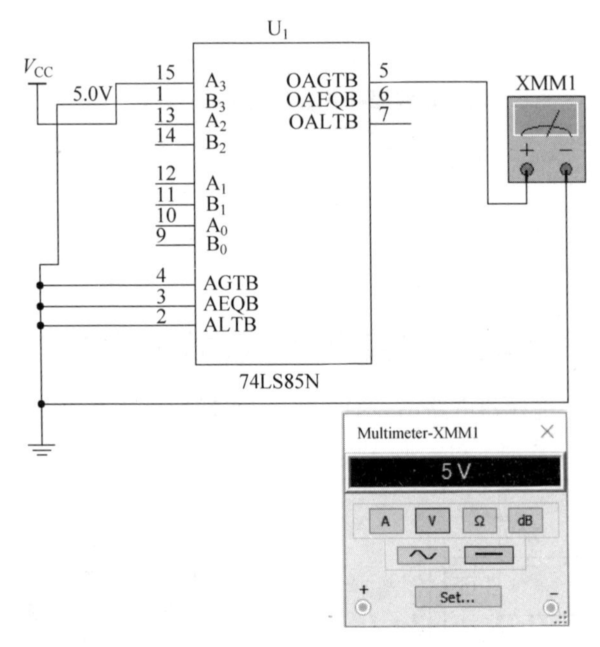

图 12-6 数据比较器电路

12.7 开放式实验应用实例 6：寄存器

图 12-7 为寄存器电路图，74LS194N 实现 4 位二进制数双向移位寄存功能。A、B、C、D 为 4 位二进制数并行输入端，SL、SR 为左移、右移串行数码输入端，S_0、S_1 为工作方式控制端，QA、QB、QC、QD 为并行数码输出端，CLK 为脉冲输入端，输入使能端 CLR 低电平有效。

当 S_1、S_0 取 11 时，将 A、B、C、D 的信号 0001 并行输出至 QA、QB、QC、QD。将输出 QD 作为左移输入信号接入 SL，当 S_1、S_0 取 10 时，在 CLK 作用下电路开始左移操作，实现了一个环形计数器功能。

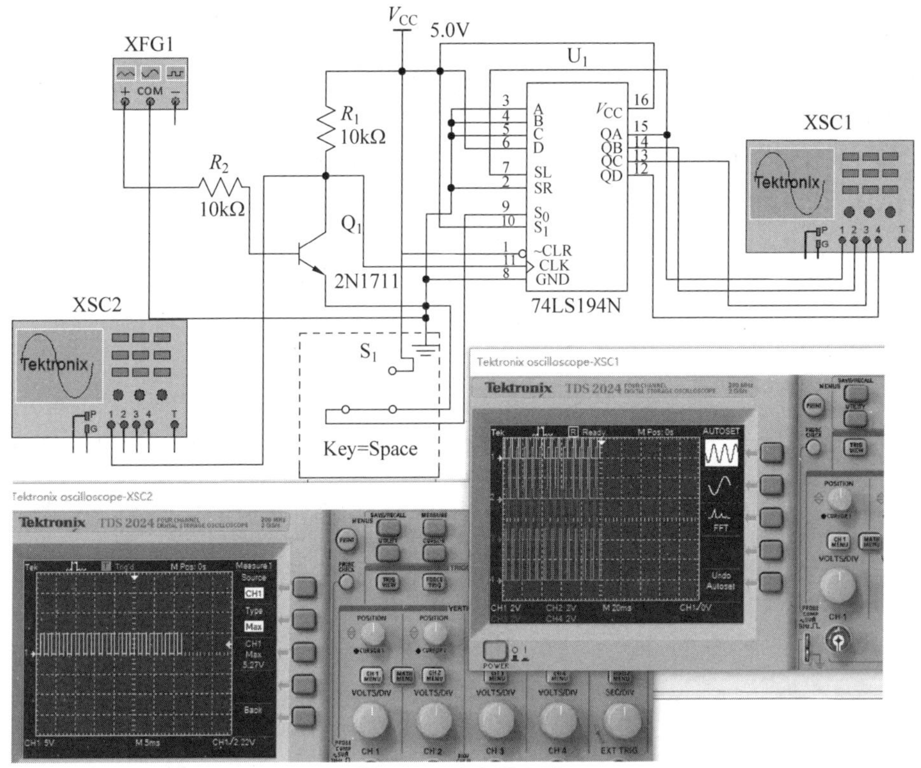

图 12-7 寄存器电路

12.8 开放式实验应用实例 7：计数器

图 12-8 为计数器电路图，74LS161N 实现十进制计数功能。A、B、C、D 为 4 位

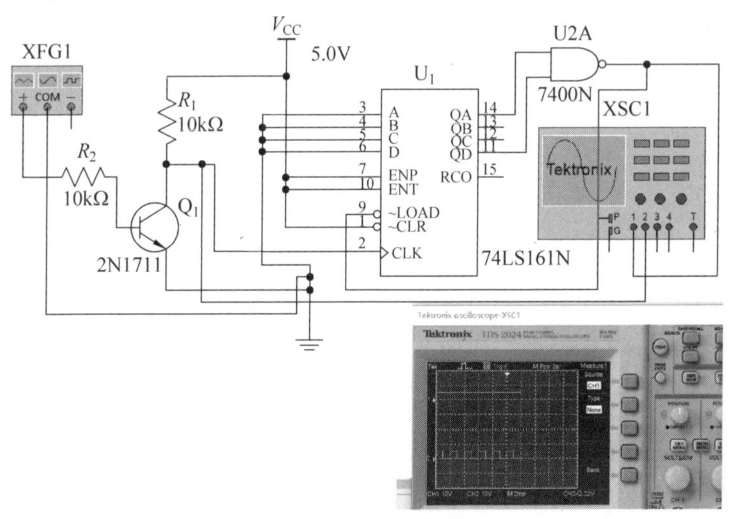

图 12-8 计数器电路

二进制数并行输入端，ENT、ENP为计数控制端，QA、QB、QC、QD为数码输出端，CLK为脉冲输入端。输入端LOAD为同步置数控制端，CLR为异步置0控制端，低电平有效。

CLK、ENT、ENP均为1，设计数器从QA、QB、QC、QD为0000开始计数，LOAD为1，输出为1。当计数到9时，QA、QB、QC、QD为1001，LOAD为0，输出为0，QA、QB、QC、QD为0000。电路在CLK作用下实现了一个十进制计数器功能。

第13章

单片机实验

13.1 单片机简介

单片机是当前设计功能电子电路最有效率的元件。一个单片机可以解决以前需要许多传统数字集成电路组合才能解决的问题,同时一个 8 位功能强大的 20pin 单片机价格较低。因此单片机已广泛使用在功能型电子电路上,传统的 74 或 4000 系列数字集成电路在实际应用中已很少使用。为适应电子电路应用发展的实际情况,本书附加了单片机实验。本实验的目的是要让实验者体验单片机的强大功能和实际使用方法,实验中并不要求学生对单片机有系统的了解,若实验过程中单片机的强大功能体验能引起学生的兴趣而去进一步学习,那么本实验设置的目的便达到了。

13.2 单片机学习方法

电子电路是一门实践性很强的课程,单片机学习也是,所以刚开始学习时并不需要急于去理论学习。初学者若没有经历实践,阅读单片机技术使用手册或相应的学习资料就会很困难。单片机学习的基础是 C 语言,只要学习过 C 语言,通过实验结合学习相对就比较容易入门。

13.3 单片机封装引脚转换电路

本实验使用了一片较为典型的常用单片机 STM8S103f3,此为 STM 公司的产品。此单片机功能强大,性价比高,封装为贴片 20 脚。本实验为配合智能电子实验平台硬件电路板 IC 插座,对该单片机进行了再封装转换,引出 DIP14 脚,即 20 脚贴片转换成 14 脚双列直插,如图 13-1 所示。图中 DIP14 是引出的标准双列直插 14 脚,其可以插在智能电子技术实验平台硬件电路板上的 DIP14 插座上。图中 SW 是 4 芯插座,在 DIP14 未连接的状态下,用于连接程序烧录器 ST-LINK 灌入程序。单片机是比较容易损坏的元件，所以引出的所有脚位均串联了 1kΩ 电阻以保护单片机不被损坏。单片机供电为 5V，图 13-1 的电路供电应大于 6V（本实验要求使用 6V），经 R_1 和 Z_1 稳压成 5V 后为单片机供电，这也是为了避免直接供电时误接入大于 5V 的电压而损坏单片机。单片机 PIN4 为复位脚，低电平时复位，R_{14} 和 C_3 组成上电复位电路，刚上电时 C_3 上的电压为零，所以处于复位状态。单片机 PIN8 为内部电源滤波专用脚位，外接 C_2。

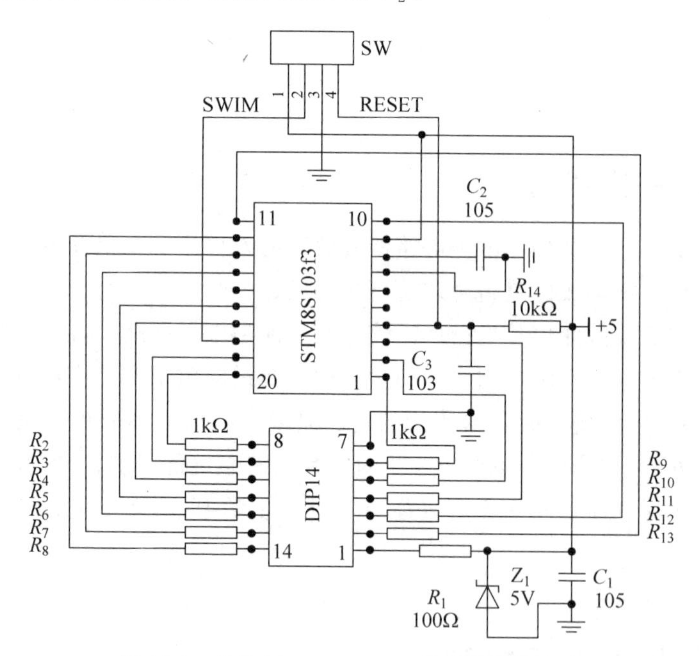

图 13-1 单片机 STM8S103f3 的引脚转换电路

单片机使用其实也简单，引出的脚位除了专用的电源和复位脚外，其他的脚位都可以灵活用作输入或输出等来实现各种功能，每个脚位被用于何种具体功能由片内对应寄存器的位或字决定。若脚位被用作输出，则可以通过改变对应寄存器的对应位来实现该位的输出状态，即高电平还是低电平输出；若脚位被用作输入，则可以通过读取对应寄存器的位或字来获得该脚位输入的状态或大小（模拟输入）。通过运行的 C 程序，根据具体条件去改变或读取每个脚位对应的寄存器即可实现所需要的功能。

13.4 单片机 STM8S103f3 的脚位功能

表 13-1 列出了单片机 STM8S103f3 的脚位功能，表中“X”表示有该功能。我们使用的封装为 TSSPOP20，脚位为表中第一列。下面详细介绍单片机 STM8S103f3 的脚位功能。

表 13-1 单片机 STM8S103f3 的脚位功能

管脚编号		管脚名称	类型	输入			输出				主功能（复位后）	默认的复用功能	映射后的备选功能[设置选项]
TSSPOP20	WFQFPN20			浮空	弱上拉	外部中断	高吸收	速度	OD	PP			
1	18	PD4/BEEP/TIM2_CH1/UART1_CK	I/O	×	×	×	HS	O3	×	×	端口 D_4	定时器 2 通道 1/峰鸣器输出/UART1 时钟	
2	19	PD5/AIN5/UART1_TX	I/O	×	×	×	HS	O3	×	×	端口 D_5	模拟输入 5/UARTI 数据发送	
3	20	PD6/AIN6/UART1_RX	I/O	×	×	×	HS	O3	×	×	端口 D_6	模拟输入 6/UARTI 数据接收	
4	1	NRST	I/O		×						复位(Reset)		
5	2	PA1/OSCIN	I/O	×	×	×		O1	×	×	端口 A_1	晶振输入	
6	3	PA2/OSCOUT	I/O	×	×	×		O1	×	×	端口 A_2	晶振输出	
7	4	VSS	S								数字部分接地		
8	5	VCAP	S								1.8V 调压器电容		
9	6	VDD	S								数字部分供电		
10	7	PA3/TIM2_CH3[SPI_NSS]	I/O	×	×	×	HS	O3	×	×	端口 A_3	定时器 2 通道 3	SPI 主/从 选择[AFR1]
11	8	PB5/I2C_SDA[TIM1_BKIN]	I/O	×	×	×		O1	T		端口 B_5	I2C 数据	定时器 1 刹车输入[AFR4]
12	9	PB4/I2C_SCL	I/O	×	×	×		O1	T		端口 B_4	I2C 时钟	
13	10	PC3/TIM1_CH3[TLI][TIM1_CH1N]	I/O	×	×	×	HS	O3	×	×	端口 C_3	定时器 1 通道 3	最高级中断[AFR3]定时器 1 通道 1 反相输出[AFR7]

续表

管脚编号		管脚名称	类型	输入			输出				主功能（复位后）	默认的复用功能	映射后的备选功能[设置选项]
TSSPOP20	WFQFPN20			浮空	弱上拉	外部中断	高吸收	速度	OD	PP			
14	11	PC4/CLK_CCO/TIM1_CH4[AIN2][TIM1_CH2N]	I/O	×	×	×	HS	O3	×	×	端口 C_4	配置时钟输出/定时器1通道4	模拟输入2[AFR2]定时器1通道2反相输出[AFR7]
15	12	PC5/SPI_SCK[TIM2_CH1]	I/O	×	×	×	HS	O3	×	×	端口 C_5	SPI时钟	定时器2通道1[AFR0]
16	13	PC6/SPI_MOSI[TIM1_CH1]	I/O	×	×	×	HS	O3	×	×	端口 C_6	SPI主出/从入	定时器1通道1[AFR0]
17	14	PC7/SPI_MISO[TIM1_CH2]	I/O	×	×	×	HS	O3	×	×	端口 C_7	SPI主入/从出	定时器1通道2[AFR0]
18	15	PD1/SWIM	I/O	×	×	×	HS	O4	×	×	端口 D_1	SWIM数据接口	
19	16	PD2[AIN3][TIM2_CH3]	I/O	×	×	×	HS	O3	×	×	端口 D_2		模拟输入3[AFR2]定时器2通道3[AFR1]
20	17	PD3/AIN4/TIM2_CH2/ADC_ETC	I/O	×	×	×	HS	O3	×	×	端口 D_3	模拟输入4/定时器2通道2/ADC外部触发	

13.4.1　PIN1

1. 管脚名称

(1) PD4：P 即管脚，D 为端口代号，单片机的脚位基本功能为数字 I/O 口，即输入时(I)，读取输入状态为高电平或是低电平，输出时(O)，输出高电平或低电平。单片机通常用一个字节中的 8 位去控制 8 个 PIN，这对应的 8 个 PIN 用一个字母作为代号，这里使用的是 D，4 为端口序号，端口代号一般有 A、B、C、D、E 5 个，本单片机只使用了 4 个端口代号中的部分端口序号。单片机在介绍脚位时，首先给出的是 I/O 口作为基本功能的端口代号和序号。

(2) BEEP：蜂鸣器输出，PIN1 可以通过相应的寄存器定义为驱动蜂鸣器的信号输出，即该脚位可以输出一个一定频率(1kHz、2kHz 或 4kHz)的方波驱动无源蜂鸣器，这是本单片机的特有功能，在需要蜂鸣信号时，就不需要额外的程序去产生蜂鸣信号了。

(3) TIM2_CH1：PIN1 也可以通过相应的寄存器定义为定时器通道 1 输出。单片机通常包含有多个定时器，有定时器的助力，这样实现与时间有关的功能就会比较容易了。比如，要产生一个频率为 f，占空比为 q 的矩形波(PWM 波)，且 f 和 q 随时可调节，若没有定时器，单用程序来产生，会很麻烦，时序上也很难做到精准。而采用定时器，程序只需改变 f 和 q，定时器就会自动完成并输出。一个定时器可以有多个通道输出，每个通道可以设定自己的输出方式。

(4) UART1_CK：PIN1 也可以通过相应的寄存器定义为串行通信口 1 的时钟输出或输入。串行通信口 1(UART1)的通信通常为双线全双工(即可同时收发)异步通信，若配合本时钟口，也可以实现同步通信。

2. 类型

I/O 表示输入或输出，S 表示与电源相关的脚位。

3. 输入

(1) 浮空："X"表示有浮空功能，即输入状态为高阻，如同浮空一样。若设置成浮空，当没有外部输入时，该脚位上的电位高低无法确定。

(2) 弱上拉：设置成内部接入一个高阻值电阻至正电源，这样在没有输入时该脚位上就会是明确的高电平。

(3) 外部中断：有响应外部中断的功能。当设置成响应外部中断时，一旦上升沿或下降沿触发，程序将按优先级别立刻或排队执行相应的中断程序。

4. 输出

(1) 高吸收：标有"HS"即表明该脚位可以输出或吸收高达 20mA 的电流，但整个单片机的总电流必须小于 80mA。若没有"HS"标记，则对应的脚位输入或输出电流不大于 4mA。

(2) 速度：指的是输出由一种状态变成另一种状态的快慢程度。01 表示慢速

(2MHz)；02 表示快速(10MHz)；03 表示可配置成慢速或快速，复位后默认为慢速；04 表示可配置成慢速或快速，复位后默认为快速。

(3) OD：即 OPEN DRAIN，漏极开路输出。这里的漏极开路输出实际上并不是真正的漏极开路，只是表明该输出端可以配置成两种情况，第一种情况，输出上拉下拉和高阻，第二种情况，只有下拉和高阻。在第二种情况时，上拉 MOS 管始终关闭，相当于上拉 MOS 管不存在，等效于漏极开路输出，但实际上输出端连接电源正极的反向二极管还是存在的，当外部连接更高电位的上拉电阻后，输出端的最高电位只能是单片机供电电压加上内部二极管的正向压降。而在本列中标记为 T 的脚位是真正的漏极开路输出，其输出除了连接下拉 MOS 三极管的漏极外，其他没有连接，所以其输出端在外加上拉电阻后最高可以达到 6.5V，但超过 6.5V 单片机可能被损坏。

(4) PP：即推挽式输出，也即输出既有上拉 MOS 三极管也有下拉 MOS 三极管。

下面就 PIN2 至 PIN20 的复用功能和备选功能做进一步说明。注意使用复用功能时只需配置相应的端口为输入，开启复用功能中的一个即可，当使用备选功能时，需要重写选项字节中相应的备选功能，如同写入程序一样连接计算机，然后打开重写选项字节的专用软件即可。

13.4.2 PIN2

(1) AIN5 模拟输入 5，在该端口配置为输入后，只要开启模拟输入即可读取该输入端信号的大小，本单片机的模拟输入端有 5 个，即 AIN2～AIN6，模数转换精度为 10 位。

(2) UART1_TX，即 UART1 数据发送。

13.4.3 PIN5

晶振输入：通常在时间精度要求不是很高的情况下使用内部 RC 振荡产生的 CP(时钟脉冲)即可，若需要高精度的 CP，则需要外接晶振，晶振实际上没有极性，只需接在 PIN5 和 PIN6 上即可。

13.4.4 PIN10

备选功能：SPI 是一种有别于 UART 的通信标准，需要 4 线连接，通信速率高于 UART，但通信距离较短，一般为板内通信。AFR1 是该备用功能对应的选项字节。

13.4.5 PIN11

(1) I2C 数据：I2C 是另一种通信标准，其为同步 2 线通信，结构简单，但由于只能为半双工工作(不能同时收发),通信速率不如SPI,也只适用短距离通信。

(2) 备选功能定时器1刹车输入:该脚位事件(上升沿或下降沿)可以强制定时器1的输出进入预定状态。

13.4.6　PIN13

备选功能:最高级中断,选择该功能并配置好触发方式后,该脚位的触发信号立刻触发相应的中断服务程序的执行,在所有中断中级别最高。

13.4.7　PIN14

(1) 配置时钟输出:该脚位可以配置成需要的时钟脉冲(CP)输出,此功能可以让多片单片机采用同一个CP同步工作。只需把A单片机的CP输出连接到B单片机的晶振输入端,同时把B单片机的CP源配置成外部输入即可。

(2) 备选功能:TIM1_CH2N是相对TIM1_CH2的互补反向输出。

13.4.8　PIN18

程序录入口,工作时作为PD1使用。

13.4.9　PIN20

ADC(模数转换)外部触发:片内的ADC工作方式有很多种,如单次、连续、扫描等。ADC的启动也有多种方式,可以由软件程序触发启动,也可以由定时器等事件发生而启动。若配置启用了本脚位的ADC外部触发,则本脚位的上升沿将触发ADC开始转换。

13.5　单片机STM8S103f3经转换后的DIP14脚位功能

图13-2为转换电路板的顶视图,可以理解为这是一片双列直插14脚的单片机,顶部带有4芯程序录入接口,同时带有上电复位和内部电源滤波,所有I/O端口均有内部电阻保护,内部工作电压为5V,即所有I/O端口的最高电压为5V,外部供电电压为6V或以上,最高不超过15V。该14脚单片机除了2个电源端,其他12PIN均可作为I/O端口使用。下面详细介绍单片机STM8S103f3经转换后的DIP14脚位功能(本实验中未使用的功能省略,如I2C、SPI等)。

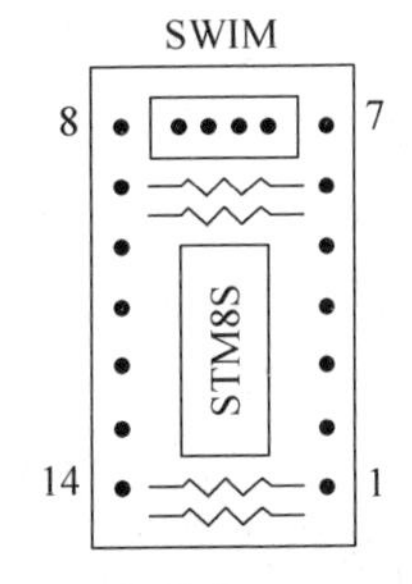

图13-2　单片机STM8S103f3经转换后的DIP14脚位

P1:电源正,+6V;

P2:(PIN11)PB5;

P3:(PIN10)PA3复用TIM2_CH3;

P4：(PIN3)PD6 复用 AIN6；

P5：(PIN2)PD5 复用 AIN5；

P6：(PIN1)PD4 复用 TIM2_CH1 或蜂鸣器输出；

P7：电源地；

P8：(PIN20)PD3 复用 AIN4 或 TIM2_CH2；

P9：(PIN19)PD2 备选 AIN3 或 TIM2_CH3；

P10：(PIN17)PC7 备选 TIM1_CH2；

P11：(PIN16)PC6 备选 TIM1_CH1；

P12：(PIN14)PC4 复用 TIM1_CH4，备选 AIN2 或 TIM1_CH2N；

P13：(PIN13)PC3 复用 TIM1_CH3，备选 TIM1_CH1N；

P14：(PIN12)PB4。

13.6 单片机 STM8S103f3 实验使用的软/硬件工具

Stm8 的主要开发工具软件包括 ST Visual Develop 和 ST Visual Programmer 2 种，硬件烧录器为 ST LINK。其中，ST Visual Programmer 用于烧录程序和改写选项字节；ST Visual Develop 为集成开发平台，用于编程、仿真，也可以烧录程序。另外，使用 C 语言编程还需要 COSMIC for STM8 编译器。上述开发软件的软件图标如图 13-3 所示，双击打开 ST Visual Develop 将看到如图 13-4 所示的界面。

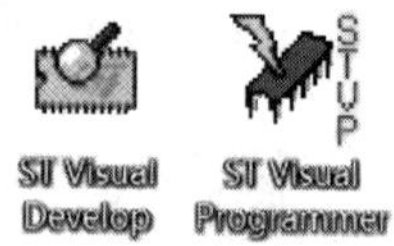

图 13-3 STM8 开发工具软件 ST Visual Develop 和 ST Visual Programmer 图标

在如图 13-4 所示的界面上单击“File”菜单，执行“Open Workspace”命令，在实验相应的文件夹中打开“实验 ***.stw”文件，实验项目中的所有文件就会出现在 Workspace 区，单击任一文件即可进行编辑。若有要求，则按要求做相应的修改，修改后必须再次单击编译，编译结果会在图 13-4 中的下框中显示。最后把通过 USB 连接到计算机的程序烧录器上的 4 芯插头插到 DIP14 实验芯片上，单击左上第四行的“D”即可灌入程序。若程序中使用了备选功能，还需要打开 ST Visual Programmer 软件，选择所要使用的选项字备选功能，再单击写入修改。

下面简单介绍一下如何新建一个工程项目，以及如何开始编写程序。作为体验单片机实验，并不要求学生编写程序，也不要求完全理解程序，因为要编写或看懂程序，不仅要对 C 语言熟悉，也还要读懂参考手册 STM8S_Reference Manual 和 STM8S103f3 的芯片资料，对于初学者，没有课程教学，单靠自己阅读会比较困难，参考手册篇幅较长，内容较多，所以一开始读很难记住，较容易坠入“云里雾里”的状态，但只要坚持反复阅读琢磨，就会越来越容易，只要过了一个“门槛”，就能一通百通，这是学习电子技术的特点。所以对于一般要求，下面的内容不是必须了解的。

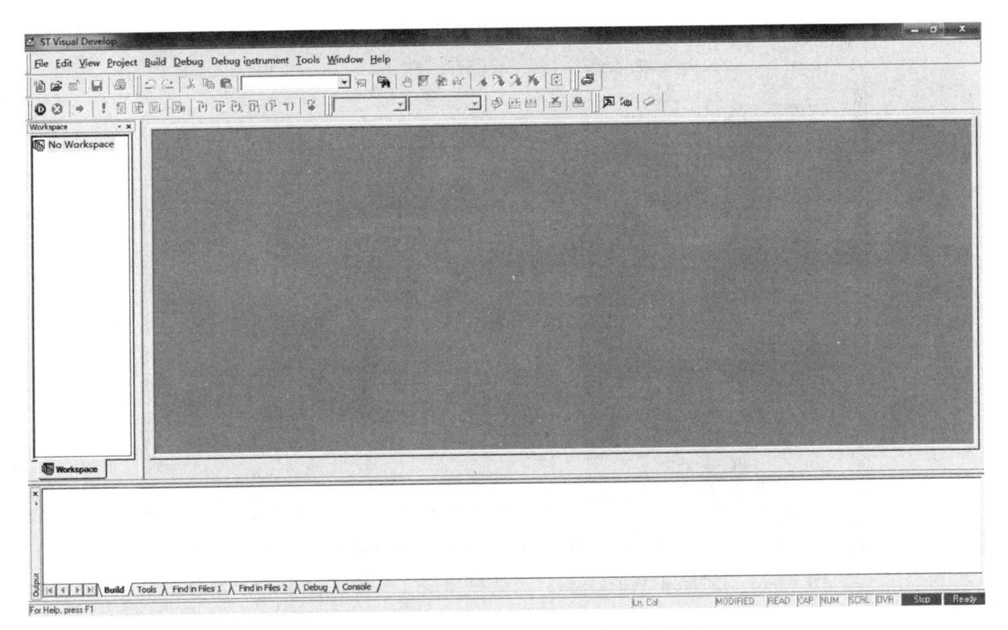

图 13-4　ST Visual Develop 的工作界面

首先，通过单击“File”→“New Workspace”，弹出图 13-5 所示对话框，单击第一项“Create workspace and project”。并在图 13-6 所示的对话框中设置工作空间的名称和路径。

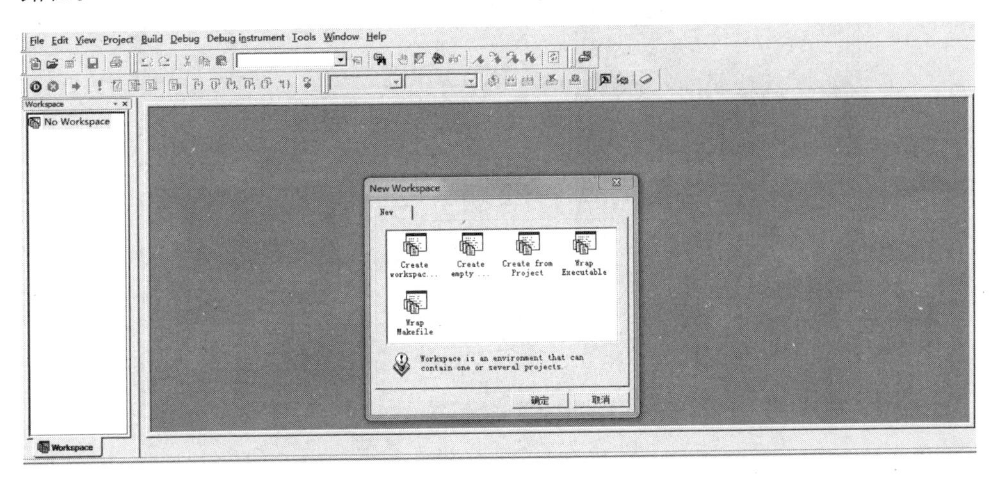

图 13-5　“New Workspace”对话框

接下来会自动弹出新建工程的对话框，如图 13-7 所示。在这个对话框中，第一栏“Project filename”为新建工程的名称；第二栏“Project location”为该工程的路径，默认与上一步选定的工作空间的路径一致；第三栏“Toolchain”为编译器选择，这里我们选择 Stm8 Cosmic；第四栏“Toolchain root”为上一栏编译器的路径，

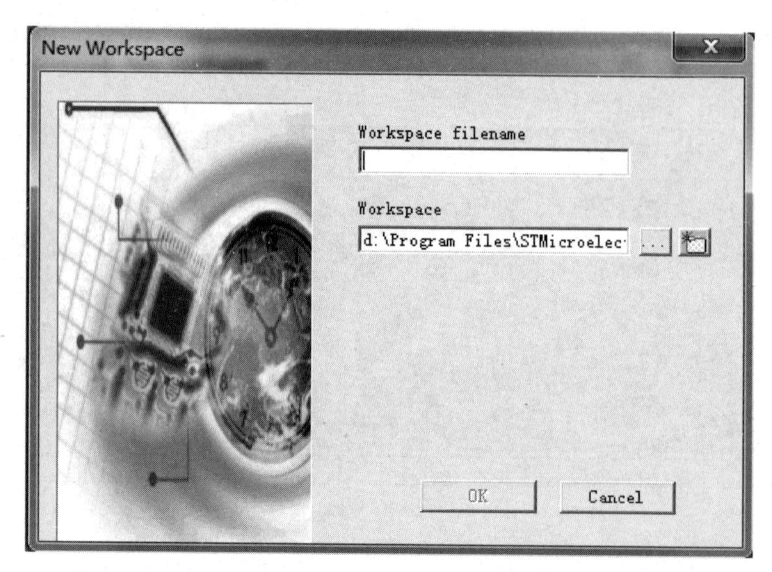

图 13-6 在“New Workspace”对话框设置工作空间的名称和路径

一般选择完第三栏后就会自动填充。

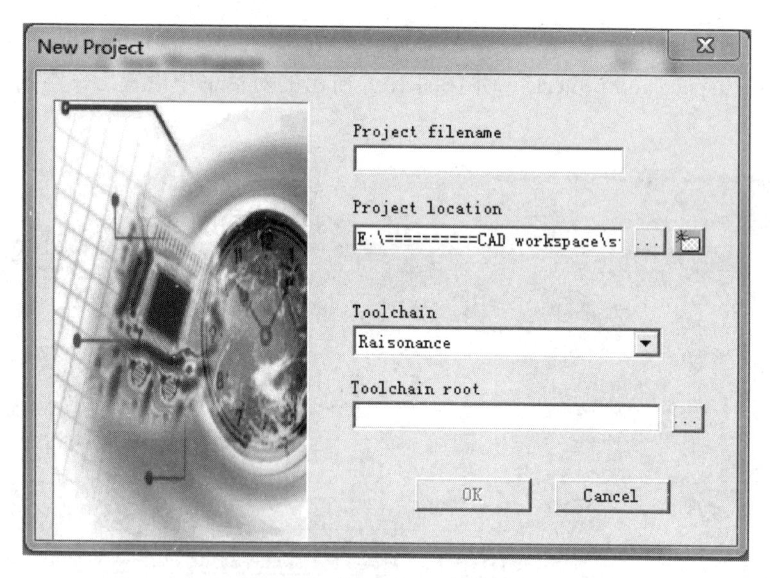

图 13-7 “New Project”界面

完成该对话框中的设置后，便会自动弹出图 13-8 所示的芯片选型对话框。选择好与目标板上一致的芯片，单击“OK”后即可完成工作区及项目工程的建立。此时，在 Workspace 区域内有 3 个文件夹，如图 13-9 所示。

“Source Files”内已经把自动生成的 main.c 主程序文件及中断向量配置文件 stm8_interrupt_vector.c 包含进去了，并且其他后来新建的.c 源文件也需要添加到其中才能参与编译和链接。

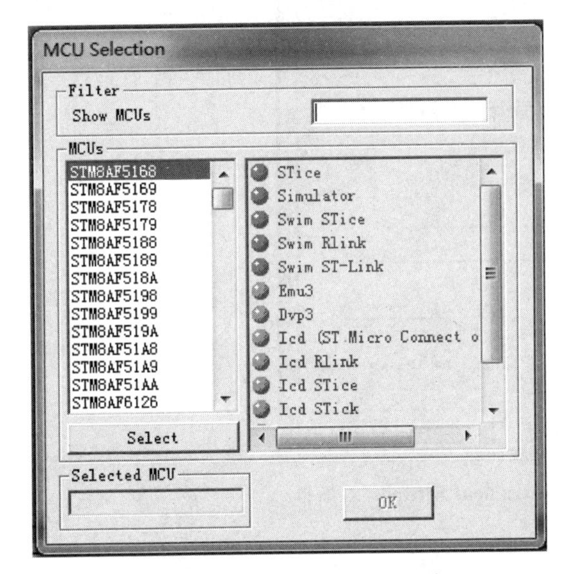

图 13-8　“MCU Selection”对话框

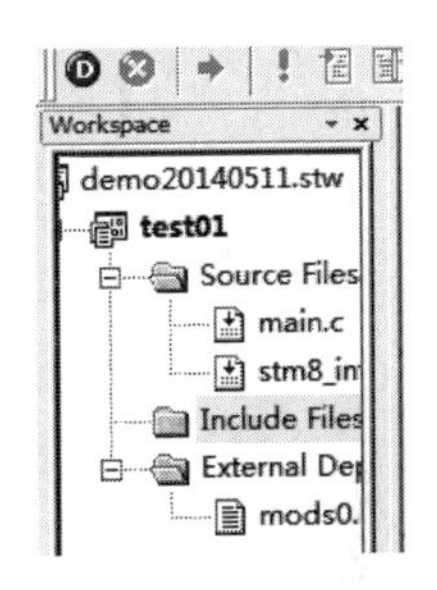

图 13-9　Workspace 区域的 3 个文件夹

“Include Files”内需要将参与编译所用的所有头文件(也就是.h 文件)添加进去。一般来说，特定芯片的寄存器映射头文件需要包含进去(比如选择 STM8S103f3 芯片，为了直接使用系统已经定义的寄存器，就需要包含 stm8s103f3.h 这个头文件，可以在 C:\Program Files\STMicroelectronics\st_toolset\include 中找到)。

这里对单片机的编程再做一个简单的解释。单片机使用 C 语言编程，主程序为 main.c，但实际录入单片机的是二进制数，所以程序编写完成后要对程序进行编译，把 C 语言编写的程序转换成二进制烧录文件。C 语言是通用语言，要让 C 语言“指挥”单片机工作，就必须针对所使用的单片机做很多定义，所以单片机项目中就会包含与单片机型号相对应的做各种定义的头文件(后缀为.h)。另外，编程时常把某个功能编成一个独立的 c 文件，或引用一个现成的程序 c 文件，这就需要把这些文件包含在项目中，在编译时 Main.c 就能找到这些文件进行链接、编译了。

完成程序的编写后，单击“Debug Instrument Settings”→“Target”弹出如图 13-10 所示的界面。

在第一栏选项中，如果希望使用“st-link”烧写工具对目标芯片进行烧录或者在线调试，则选择 Swim ST-Link；如果只需要在计算机进行仿真，无须连接目标板，则选择 Simulator。

此时单击图 13-11 中的 D，即可烧录程序，或者进行在线跟踪调试。至此就可以开始使用单片机进行实验了。

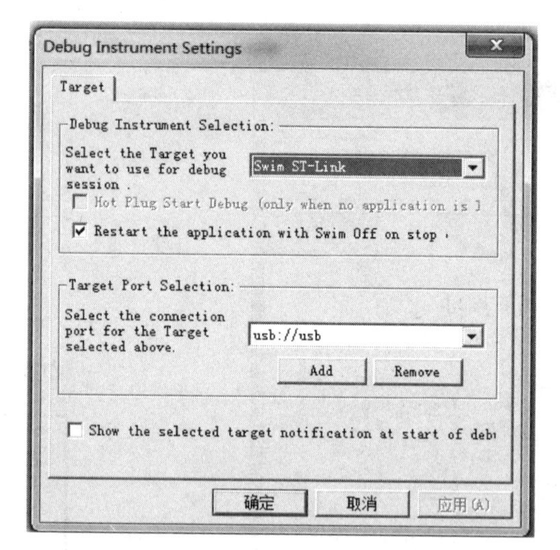

图 13-10 “Debug Instrument Settings”对话框

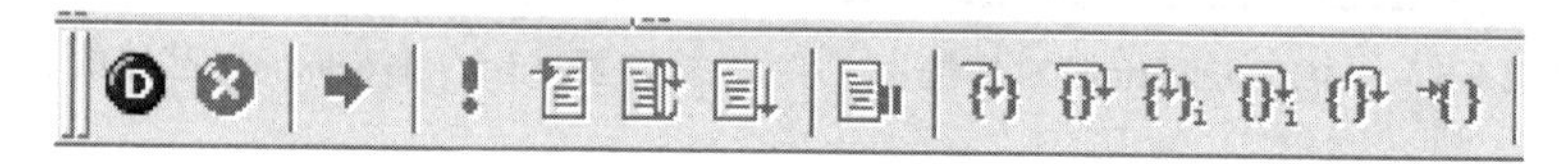

图 13-11 “D”对话框

13.7 单片机体验实验

由于单片机程序是由多个文件和文件夹组成的文件包，展示和说明篇幅较长。编写或看懂程序内容也不是本实验的目的，所以每个实验的程序软件不在本书中展示和说明。以下实验的供电电压均为6V。

13.7.1 跑马灯实验

本实验用以了解STM8S的I/O口作为基本输出口的使用方法。跑马灯实验是单片机入门的经典实验，其使用多个LED灯来显示输出脚位的电位高低，本实验使用4个输出，轮流置高，同一时间只有一个LED灯亮，类似跑马灯的效果。本实验的关键在于如何控制STM8S的I/O口输出。这是学习单片机的第一步。本实验的具体步骤如下。

步骤1：按前面给出的方法打开实验软件，连接ST Link的4芯插头至转换板芯上，单击“D”键录入程序。

步骤2：程序使用了PD2、PD3、PC3、PC4作为4灯跑马输出，设定跑马速度为每盏灯亮0.5s。把转换芯片插到实验台的DIP14插座上，对应上述4个脚位连接LED灯至电源地，LED的负极接地。由于转换板上的输出内部都带有1kΩ电阻，所以LED灯可直接连接，无须再串联电阻。加上电源，即可观察到LED灯轮流被点亮。

步骤 3：按要求修改程序，把输出改为 PD4、PD5、PC6、PC7，并把跑马速度改为每盏灯亮 1s。重新编译、录入程序，观察结果。

13.7.2 按键输入实验

本实验用以了解 STM6S 的 I/O 口作为输入口的使用方法。

在实验一的基础上(PD2、PD3、PC3、PC4 作为 4 灯跑马输出，设定跑马速度为每盏灯亮 0.5s)，程序再增加 2 个输入端。PD4 配置为数字输入带弱上拉，这样 PD4 悬空时为高电平，当 PD4 对地连接后跑马停止或开始，断开再次连接后跑马开始或停止，PD4 的功能为控制跑马的开始或停止按键。PC6 与 PD4 同样配置，其功能为对地每连接一次，4 个 LED 灯被轮流点亮。实验步骤同 13.7.1 节。

13.7.3 人体反应速度实验

本实验用以了解外部中断和定时器的使用方法。

实验电路由一盏 LED 灯接 PB5，一个按键 A 接 PB4，一个按键 B 接 PD6，一个电解 10μF 电容接 PA3，负极均接电源地。

实验操作如下：按键 A 按下后，在 2～4s 内 LED 灯被随机点亮，当看到 LED 灯点亮时，立刻按下按键 B，单片机会记录 LED 灯被点亮到按键 B 被按下的时间差，并由 PA3 输出，用万用表测量 PA3 的电压值，0V 为 0ms，1V 为 100ms，5V 为 500ms。

程序的思路为按键 A 开始 2s 后的 2s 内，随机点亮 LED 灯，同时启动定时器 1 开始计时，实验者看到 LED 灯亮后立刻按下按键 B，按键 B 的接通信号输入单片机作为外部中断触发去停止计时器 1 计时，由计时数值决定定时器 2 的输出脉冲宽度，再经输出 *RC* 滤波获得平均电压，该电压的大小即对应的计时时长。

13.7.4 光控实验

元件：MG5506 光敏电阻 1 个，47kΩ 电阻 1 个，LED 灯一盏。

47kΩ 电阻一端连接 PD5，另一端连接 6V 电源；光敏电阻一端连接 PD5，另一端连接电源地；LED 灯正极连接 PC7，负极接地。

实验观察现象：用光敏电阻的受光强度控制 LED 灯的亮度，光照越暗，LED 灯越亮。

程序思路：光敏电阻和 47kΩ 电阻串联连接于电源两端，其连接点的电压随光照度的上升而下降，用 PD5 端口的 ADC 功能读取该电压的大小，以读得的数值控制定时器输出脉冲波的脉冲宽度，该脉冲宽度调制波即可控制 LED 灯的亮度。

13.7.5 综合实验

单片机应用灵活方便，从前面4个实验可以看出，实现一定的功能所需要的外围元器件很少，每个I/O口都可以在一定范围内自由定义，并且上述4个实验可以在一片单片机上同时实现，且互不相干。即使4个实验同时进行，12个I/O口全部用尽（实际芯片有17个I/O口），其内部资源只使用了很小的一部分，因此它可以完成更复杂、更多的任务。本综合实验整合了上述4个实验同时进行，录入程序后可以按上述4个实验的要求同时实现各自的功能。

参 考 文 献

[1] 童诗白，华成英. 模拟电子技术基础[M]. 北京：高等教育出版社，2001.
[2] 康华光. 电子技术基础：数字部分[M]. 北京：高等教育出版社，2006.
[3] 康华光. 电子技术基础：模拟部分[M]. 北京：高等教育出版社，2006.
[4] 阎石. 数字电子技术基础[M]. 北京：高等教育出版社，2006.
[5] 陈大钦. 模拟电子技术基础[M]. 北京：高等教育出版社，2000.
[6] 沈志勤. 电子技术基础[M]. 北京：清华大学出版社，2006.
[7] 李哲英. 电子技术及其应用基础：模拟部分[M]. 北京：高等教育出版社，2003.
[8] 李哲英. 电子技术及其应用基础：数字部分[M]. 北京：高等教育出版社，2009.
[9] KERNIGHAN B W, RITCHIE D M. C 程序设计语言[M]. 徐宝文，李志，译. 北京：机械工业出版社，2004.
[10] 王静霞. 单片机基础与应用(C 语言版)[M]. 北京：高等教育出版社，2016.
[11] 潘永雄. STM8S 系列单片机原理与应用[M]. 西安：西安电子科技大学出版社，2018.

附录

实验中可能遇到的问题和解决方法

（1）电路连接错误。

（2）元件选用错误。

（3）显示波形不稳定，甚至无显示，示波器读数不稳定。可能是显示频率未调节，应调节示波器左侧的上下滑标，使波形周期数显示至少2个以上。

（4）若电路检查通不过，可能的原因有：①电路图节点和焊点对应错误；②电路状态没按要求调到位；③虽然电路状态到位，但电路检查前发生无意碰擦导致元件脚相碰短路或焊接不牢靠而开路；④电路检查前改变了信号发生器的输出或改变了电路供电电源的大小，或信号发生器输出钩针脱离了电路，这些都会导致电路状态的改变。

（5）信号发生器是输出端，即使设置了信号输出为0，其连在电路上也会影响电路的状态，不该连接信号发生器的地方连接了信号发生器，可能导致电路无法达到要求的状态。

（6）功率放大电路输出三极管发烫（此时电源电压可能被拉低，特别是串联电阻测量电流时）。可能是用于调节静态电流的可变电阻（501）调得太大。

（7）电源重新调整了，但实际输出电压未变化。可能是电源电压调整后并不马上见效，只有在把标识移出调节框（单击调节框外任意点），示波器有效工作后，调整的电压才有效。

（8）电压调节正常，但连上电路后电压下降。可能是过载导致电源内部保护，使示波器和信号发生器供电不正常，示波器显示也不正常；过载的可能原因有：电路接错、三极管接反或损坏、集成电路电源接反或损坏。

（9）状态都按要求调到位了，但电路检查时某节点超限，特别是正弦波发生器电路实验容易出现这种情况，原因是THD值偏大加上集成电路358集成电路误差，也是因为正弦波发生器电路实验对温度敏感，在电路检查过程中电路状态可能发生变化。解决方法：不断微调（左边的10kΩ电阻换成4.7kΩ可调电阻后更容易调节），等待电路稳定；进一步调小THD值（可能温度更敏感）；若电路检查后显示状态值超限，则可以把状态值略微反向调节后再开启检查。

（10）在第3章信号放大电路的对应教学安排的步骤2分压偏置三极管共射极放大电路中，静态值可调，也调到位了，电路肯定连接正确，三极管也是好的，但就是没有放大倍数。可能是可调电阻调得太小，导致三极管完全导通，b、c 极发生正偏，即 $V_b > V_c$，此时通过可调电阻也可以调节 V_c 至要求值，但电路处于饱和状态，没有放大；调大可变电阻，在放大区把 V_c 调至要求值即可。

(11) 在第 8 章模拟稳压电源电路实验的对应教学安排的步骤 1 模拟电压器输出电路中，输出波形正常，但检查后提示模拟集成放大器输出端的 THD 值超下限。可能是对应的三极管接错或损坏，导致三极管 b、e 极的波形相同，此时输出波形虽然符合要求(因为负反馈正常)，但带不动负载，一加负载波形就会畸变。

(12) 在使用 2 个模拟集成放大器的电路图中，对其中一个的正负供电脚位会打上“×”，这是因为这 2 个模拟集成放大器处于同一个 358 集成电路中，358 集成电路含有 2 个独立的模拟放大器，但供电脚是共用的，所以只需画 1 个。不少同学用 2 个 358 集成电路，其中一个供电，另一个不供电，这是犯了常识错误。

(13) 为保证不损坏元件，必须断电焊接，三极管和集成电路脚位不能认错。实验中必须小心，避免短路。